Webデザイナーの
仕事を楽にする!

gulp ガルプ ではじめる Web制作ワークフロー入門

中村勇希 著

JN204757

C&R研究所

■権利について

- 本書に記述されている社名・製品名などは、一般に各社の商標または登録商標です。
- 本書では™、©、®は割愛しています。

■本書の内容について

- 本書は著者・編集者が実際に操作した結果を慎重に検討し、著述・編集しています。ただし、本書の記述内容に関わる運用結果にまつわるあらゆる損害・障害につきましては、責任を負いませんのであらかじめご了承ください。
- 本書は2018年5月1日現在の情報をもとに記述しています。ソフトウェアのバージョンアップにより、本書記載のコードそのままでは動作しない可能性があります。あらかじめご了承ください。
- 本書は「技術書典3」にて頒布された「ゼロからはじめるgulp入門書」をもとに、大幅に加筆修正を加えたものです。

■サンプルについて

- 本書で紹介しているサンプルコードについては、筆者の個人ウェブサイトから取得することができます(4ページ参照)。
- サンプルデータの動作などについては、著者・編集者が慎重に確認しております。ただし、サンプルデータの運用結果にまつわるあらゆる損害・障害につきましては、責任を負いませんのであらかじめご了承ください。
- サンプルデータの著作権は、著者およびC&R研究所が所有します。許可なく配布・販売することは堅く禁止します。

●本書の内容についてのお問い合わせについて

この度はC&R研究所の書籍をお買いあげいただきましてありがとうございます。本書の内容に関するお問い合わせは、「書名」「該当するページ番号」「返信先」を必ず明記の上、C&R研究所のホームページ(http://www.c-r.com/)の右上の「お問い合わせ」をクリックし、専用フォームからお送りいただくか、FAXまたは郵送で次の宛先までお送りください。お電話でのお問い合わせや本書の内容とは直接的に関係のない事柄に関するご質問にはお答えできませんので、あらかじめご了承ください。

〒950-3122 新潟県新潟市北区西名目所4083-6　株式会社 C&R研究所　編集部
FAX 025-258-2801
『Webデザイナーの仕事を楽にする! gulpではじめるWeb制作ワークフロー入門』サポート係

PROLOGUE

この本について

この本は、「コードを書くデザイナー」「新米コーダー」のための開発ワークフロー入門書です。次のような特徴があります。

- コマンドラインが使えるようになる
- Node.js周りの環境構築がバージョン管理も含めて使えるようになる
- gulpを使った開発環境構築ができる
- webpackの概要がわかり、開発環境に組み込める
- Lintやフォーマッターを取り入れたチーム開発ができる

この通り、開発環境作りから実際の構築まで体系的に学ぶことができます。

この本がオススメの人

次のような人が当てはまります。

- コードも書くデザイナー ➡ 少しでもコーディングは楽するための第一歩として
- 昔から同じ環境で作業してきたデザイナー ➡ 最近の制作環境をキャッチアップするための第一歩として
- 今後のキャリアを考えるコーダー ➡ どんな環境でも対応するためのスキルとして
- もうgulpは使っている人 ➡ 社内やチームメンバーへの使い方の指導として

ルーキーだけではなく、教育のための本としてもオススメです。

デザイナーにとっては業務効率化のためのgulp/webpackの導入の手引きとして、コーダーにとっては今後のキャリアに向けたサポート本として、この本が力を添えられましたらこれほど嬉しいことはありません。

2018年5月

中村 勇希

本書について

本書の想定する読者

本書は、HTMLやCSSに触れたことがある人を想定しています。JavaScriptについては、初心者レベルを想定しておりますが、基礎レベルの知識については説明を省略しています。本の中で、基礎学習におすすめのサービスを紹介していますので、記法などわからないことがあったら参照してください。

本書の内容について

本書の情報は、2018年5月1日現在のものです。ソフトウェアのバージョンアップにより、本書記載のコードそのままでは動作しない可能性があります。

特に、メインで扱うgulpはv3とv4で大きく変更が行われました。今後、v4に即した記述が標準となっていくことが予想されるため、この本ではv4の記法を紹介しています。

もし、既存プロジェクトでv3をお使いの場合などは、gulpをバージョンアップするだけでは正常に動作しませんのでご注意ください。完全に置き換える場合は、本書の内容を参考にしてください。

その他、執筆当時と状況が変わるなどした際は、著者個人のウェブサイトで情報を発信します。内容の誤りなどもこちらからご案内していく予定ですので、ご利用ください。

URL https://nayucolony.net

本書の開発環境について

本書の内容は、macOS High SierraおよびWindows 10での検証を行いました。それ以外の環境は、本書ではサポートしていません。ご了承ください。

本書の表記について

本書の表記に関する注意点は、次のようになります。

▶ソースコードの中の▼について

本書に記載したサンプルプログラムは、誌面の都合上、1つのサンプルプログラムがページをまたがって記載されていることがあります。その場合は▼の記号で、1つのコードであることを表しています。

サンプルコードの利用方法について

本書で紹介しているサンプルコードについては、筆者の個人ウェブサイトから取得することができます。下記のURLを参照してください。

URL https://nayucolony.net

CONTENTS

CHAPTER 01

gulpの概要

CHAPTER 02

コマンドラインの使い方を覚えよう

CHAPTER 03 開発環境を構築しよう

CHAPTER 04

はじめてのgulp

■CHAPTER 05

実践gulp

CHAPTER 06

webpackを利用しよう

CHAPTER 07

開発を便利にするツール

COLUMN

gulpの概要

まずは、この本のメインとなるgulpについて概要を知りましょう。また、著者自身がプロジェクトでどのようにgulpを使っているのかも紹介します。

gulpとは

gulpとは、Node.jsで動作するビルドシステムヘルパーです。ウェブ制作において時間のかかるタスクを自動化するためのツールです。

gulpはオープンソースプロジェクトとして次のリポジトリで開発が行われています。

- GitHub - gulpjs/gulp: The streaming build system
  URL https://github.com/gulpjs/gulp

また、公式ドキュメントは次のページです。

- gulp.js
  URL https://gulpjs.com/

gulpの特徴

gulpには次のような特徴があります。

簡単に使える

gulpは、要は「プログラムを書いて自動化し、効率的にファイルを処理する」ということを行うためのツールです。たとえば、「ファイルの読み込み」「監視」などの操作があります。

しかし、それらをNode.jsを使って一から書こうとした場合、逆に手間が膨大にかかりかねません。また、頑張って書いてもそれが最良の書き方かはわかりません。

gulpはプロジェクト内での議論の上で実装された「**ベストな書き方**」を「**ほんの少しの記述**」で呼び出すことができます。

より精度が高く実装された「ファイルの読み込み」「監視」などの機能に対して、私たちは「どのファイルを読み込む」「どのディレクトリを監視する」かなどを指定するだけで済むのです。

ビルドの効率化

Node.jsの**ストリーム**という機能を使うことで、ファイルの読み書きの処理を削減し、高速なファイル処理が可能になります。gulpはNode.jsで動作するため、その機能をそのまま使えます。

エコシステム

gulpのプラグインはgulpのガイドラインに則ります。そのおかげで、シンプルかつ明快な使用感・動作をさせられます。

gulpのメリット

gulpを使うメリットは何でしょうか？　ここではgulpを使わない場合と使う場合で比較してみましょう。

▶もし、gulpを使わなければ？

昨今ではウェブサイト制作に求められる技術が多彩化しています。特に、大きめの規模のサイトであればファイルの共通化やCSS設計なども十分に意識する必要があります。

そのような状況では、SassやEJSのような「メタ言語」の力を借りてより管理しやすくしていったほうが、人力で管理していくよりもよほど正確なコーディングができます。

しかし、それらは制作に都合のいいように作られた言語であり、ブラウザは理解できません。そのため、コンパイルという作業を行ってブラウザが解釈できるHTMLやCSSに変換します。

gulpなどの自動化・効率化技術を用いない場合、常にコンパイル作業を工程に組み込みながら仕事をすることになり、手間がかかってしまいます。

▶gulpを使うと

gulpを使うと、さまざまなファイル処理が自動化できます。

- SassをCSSに変換する
- EJSをHTMLに変換する
- 画像を圧縮する
- FTPを使ってアップロードする
- ブラウザをリロードする

たとえば、ファイルに変更を加えた後にブラウザをリロードする必要もなければ、画像圧縮のためにいちいちアプリケーションを立ち上げる必要もありません。EJSやSassなどを使う場合は、それぞれをHTML、CSSに変換する「コンパイル」という作業が必要ですが、gulpを導入すると自動で行えるため意識する必要はありません。

そうやって、gulpを使うことであらゆる処理を意識せずに当たり前に行えます。

これは、SassやEJSなどの便利な機能を当たり前に使えるということもそうですし、画像圧縮のような品質確保も当たり前に使えるということでもあります。

本書では、ウェブ制作のワークフローにおいて重要になってくる「HTMLコーディング」「CSSコーディング」「画像の圧縮」「JavaScriptプログラミング（webpackを使用）」においてモダンな技術を「当たり前に」使うためのシステム構築を網羅しています。

gulpを導入して、より今時の便利な機能を使ったウェブサイト制作にチャレンジしてみましょう。

gulpを使うために必要な知識

gulpを使うために必要な知識は大きく分けて3つあります。

- コマンドラインの知識
- ファイルシステムの関する知識
- JavaScriptの知識

コマンドラインの知識

コマンドラインの知識は、端的にいうと「ターミナルの使い方」の知識です。本書では、ターミナル（WindowsではPowerShell）の起動から、基本的なコマンド操作までを丁寧に説明しているので、事前知識は不要です。本書を進めながら学習しましょう。

ファイルシステムに関する知識

ファイルシステムに関する知識は、「パス」「ディレクトリ」などの、どちらかというとコンピュータを扱うにあたってのファイルの扱いに関する知識です。これらは言葉にピンとこなくてもウェブを扱っていく中で自然に身についているかもしれません。本書でも最初に説明を行っているので、事前学習は不要です。ご安心ください。

JavaScriptの知識

gulpはNode.jsというサーバ上で動くJavaScriptを使って動作します。そのため、ファイル処理の手順はJavaScriptを用いて記述します。

JavaScriptのごく基本的な知識は必要ですが、いくつかの記法については本書でも解説しています。

事前にしっかりとJavaScriptを学習する必要はありませんが、コードを書くウェブデザイナーであればいずれJavaScriptの基礎知識は必要になると思いますので、下記に基礎知識の学習に役立つサービスをご紹介します。

- Progate
  URL https://prog-8.com/

- ドットインストール
  URL https://dotinstall.com/

SECTION-003

著者の使い方

たとえば、一例として著者がどのようにgulpを使っているか紹介します。

ボイラープレート

開発にあたっての環境テンプレートを、ボイラープレートと呼ぶことがあります。

gulpを使うといっても、毎回毎回、同じタスクを書いたりコピペするわけではありません。基本的には、HTML/CSSのコンパイルや画像処理など一連の作業を踏まえてgulpに処理を書いておき、案件のたびに都度、使い回しています。

会社によっては、取引のあるクライアントとの間でディレクトリ構造などの取り決めがある場合もあるでしょう。それらに応じたボイラープレートを準備しておき、都度、使い回すことで効率的な作業をしていきましょう。

この本の目的は「今あるボイラープレートを理解できる」「自分に必要なボイラープレートを作れるようになる」ということであるともいえます。

昨今では、企業による開発ボイラープレートの公開というのも珍しくありません。

- google / web-starter-kit
  URL https://github.com/google/web-starter-kit

- U.S. WebDesign System
  URL https://github.com/uswds/uswds

昨今のデザインシステムという言葉の流行からも見て取れるように、誰もがプロジェクトの構造をすぐに理解し、下手に悩まず、すぐにデザインやプログラミングに参加できるという一端を担っているともいえるでしょう。

README

READMEとは、プロジェクトを進めるにあたっての添付文書です。gulpを使った開発におけるREADMEは次のようなものがあります。

- どのコマンドを使えば、必要なソフトウェアがインストールされるのか
- どのコマンドを使えば、開発環境が立ち上がるのか
- 開発にはどのような動作環境が求められるのか

これらをしっかりと記載しておくことで、複数人での開発においても最初から意思疎通が図れます。

下記に紹介するサンプルリポジトリにもREADMEファイルを配置しているので、書き方を参考にしてみてください。さまざまなオープンソースプロジェクトのREADMEを参考にすることも有効です。

サンプルボイラープレート

本書で紹介するものを中心にしたgulpのボイラープレートのリンクは、サポートページ上にリンクしています。

- サポートページ(著者個人のポートフォリオ)

  URL https://nayucolony.net/

コマンドラインの使い方を覚えよう

本書で扱うgulpやwebpackなどのツールは、ブラウザやエディタのように、メニューやアイコンなどを持ちません。存在するのはプログラムだけです。

それらはコマンドラインから命令を出して動かします。コマンドラインは、いわゆる「黒い画面」と呼ばれるものです。

この章では、そのコマンドラインについて解説をします。

なぜ、コマンドラインを使うの？

普段、ブラウザやエディタのようなツールを使う場合は、次のような手順を踏みます。

1 アプリケーションをインストールする。

2 アイコンをクリックして起動する。

一方で、フロントエンド開発ツールを使う際は、コマンドライン（通称・黒い画面）を使います。

コマンドラインは普段から使うようなツールではなく、またその無機質なインターフェースも相まって使うハードルを大きくを上げています。しかし、1つずつ理解していけば怖いものではありません。

まずは、なぜコマンドラインを使うのかというところから知っていきましょう。

サーバーとクライアント

サーバーとクライアントという言葉は、なんとなく耳にしたことはあるでしょう。サーバー（server）とは「提供するもの」で、クライアント（client）は「依頼するもの」です。両者は対の関係性を持っています。

▶ サーバーとクライアントのやり取り

サーバーは、クライアントの依頼に対して、色々なものを提供します。

たとえば、ファイルサーバーといわれるものは、クライアントのリクエストに対して「保管しているファイル」を提供します。また、ウェブサーバーは、クライアントのリクエストに対して「HTMLファイルや画像ファイル」を提供します。

▶ どうやって提供しているの？

サーバーは、リクエストに対してどうやって提供しているのでしょう。

サーバーの会社に人がいて、依頼を確認して手動で返しているわけではもちろんありません。これらはすべて、サーバー上のプログラムによって自動運転しています。

人が扱わないので、わかりやすさや使いやすさに配慮した画面などは不要です。**「どのリクエストにはどのサービスを提供する」というプログラムだけあればいい**のです。

本書で扱うgulpやwebpackといったツールは、このシステムと同じです。両方とも**「命令されると、あらかじめ書いたプログラムに沿って処理を行う」**というものです。

すなわち、サーバー同様に「どのリクエストには、どのサービスを提供する」というプログラムさえ存在すればいいのです。その「リクエスト」を出すために、私たちはコマンドラインを使うことになるのです。

GUIとCUIの基礎知識

アプリケーションの操作概念は、大きくGUIとCUIに分けられます。本書で取り扱うコマンドラインはCUIなので、ここでGUIとCUIについて説明しておきます。

GUIとは

GUIとは、グラフィカルな見た目を持つ操作画面のことです。「graphical user interface」のそれぞれの単語の頭文字をとったものです。

私たちが普段、使っているブラウザやエディタ、デザインツールはGUIを持つアプリケーションです。

GUIを持つアプリケーションは、マウスやトラックパッドなどの「ポインティングデバイス」と呼ばれる装置でマウスカーソルを操作し、画面上のボタンをクリックするなどして操作を行います。

CUIとは

CUIは、テキストによるやり取りを行う操作画面のことです。GUIと違ってグラフィカルな表現を持ちません。CUIは「character user interface」のそれぞれの単語の頭文字をとったものです。

「C」については「Character-based」「console」など色々な言葉が当てはまります。コマンドラインはCUIを持つアプリケーションです。

また、CUIはCLI「command line interface」と呼ばれることもあります。これらはほぼ同義と考えて差し支えありません。

双方の特徴

GUIとCUIが行なっていることに違いはありません。たとえば、次の2つは同じ結果を得られます。

- CUIで「Aというファイルをデスクトップに移動して」という命令を出す
- GUIで「Aというファイルをデスクトップにドラッグ&ドロップ」する

日ごろからGUIに慣れ親しんだ私たちにとっては、GUIを使った方が楽に操作できます。しかし、その操作が「一定の作業ごとに発生する」場合は、何かあるたびにいちいちマウスを操作しなくてはなりません。

一方、CUIでは、毎回同じ命令を出すだけでOKです。命令はテキストとして保存したり、アプリケーション側に履歴として残すことができます。いちいちマウスを操作する必要もありません。

ここで、勘違いしてはならないのが「CUIは、GUIの下位互換というわけではない」ということです。どちらが優れているというものではありません。

CUIの利点

慣れないCUIに対しては、「怖いもの」「仕方なく使うもの」という印象もあるでしょう。しかし、実際は違います。

CUIは、特に「やることが決まっている場合」に大きな力を発揮します。

▶ FTPのアップロード

たとえば、FTPを使ったファイルのアップロードを考えます。この作業は、アップロードするファイルと保存先が常に決まっています。

しかし、軽微な変更のたびにいちいち操作を行うのが手間になりがちです。このような場合はCUIを使うと便利です。あらかじめ「アップロードを行うためのプログラム」を書いておき、命令1つでそのプログラムを呼び出せるようにしておくという方法をとります。

もちろんプログラムを書く必要はありますが、それは本書で説明するgulpとwebpackが大きく単純化してくれます。

COLUMN 音声UI

スマートスピーカーなどの音声UIも、やることが決まっている場合にこそ力を発揮するものです。たとえば、「電気をつけて」「今日の天気を教えて」などの使い方があります。目的が決まっているのに、いちいちスマートフォンを起動し、天気アプリを表示するのは手間がかかります。

それらを音声命令1つでこなせるという点では、CUIに近いものがあります。

ターミナルとシェルの基礎知識

コマンドラインを使うにあたり、混同しやすい言葉を解説します。技術記事などではあまり厳密に区別することなく使われていることが多いです。これらは色々な言葉で表現されることがあるのですが、大まかな理解でOKです。

ターミナルとは

サーバルームを想像するとおわかりの通り、サーバーマシンはディスプレイもなくただそこに積み上げられ、並んで動いているだけです。それらにはキーボードも挿さってなければマウスも挿さっていません。

なぜなら、サーバーは命令に対してただサービスを提供するだけのものだからです。

これらを操作する際は、操作するための端末から遠隔で接続します。

macOSのアプリケーション「ターミナル」は、その端末をアプリケーションとして再現したものです。同じPC内のサーバーにアクセスするという感覚は少し想像しにくいですが、「サーバーマシンを操作する端末」がアプリ化してマシンに搭載されていることをイメージしてください。

シェルとは

シェルとは、実際にマシンを操作する際のインターフェースを提供するソフトウェアです。OSとターミナルの中間です。

グラフィカルシェル

GUIを持つシェルをグラフィカルシェルと呼びます。

macOSでは「Finder」がそれにあたります。Finderもインターフェースと実際のファイル処理を橋渡しするソフトウェアです。

Windowsはスタートメニューやタスクバーなどのでデスクトップ環境すべてを含めて「Windows shell」と呼ばれています。

コマンドラインシェル

CUIでは、ターミナルとOSの中間にシェルが存在しています。つまり、私たちがターミナルを用いて直接、命令を出している相手は「シェル」です、

ターミナルに文字を表示しているのも「シェル」です。シェルがコマンドを解釈し、OSを操作しているというイメージです。

macOSでは「bash」というシェルが最初からインストールされています。Windowsでは「Powershell」というシェルがインストールされています。

ディレクトリの基礎知識

ディレクトリとは、コンピュータでファイルを扱う際に、ファイルをグループ化するためのファイルです。簡単にいうと「フォルダ」です。ディレクトリという言葉は、Windowsの前身「MS-DOS」やmacOSのベースとなっている「UNIX」で使われていたものです。

現在はmacOS/Windows両方で「フォルダ」という言葉が使われていますが、コマンドラインを扱うに当たってはMS-DOS/UNIXの言葉をそのまま使うことが多いです。この本でも、同様に「ディレクトリ」として説明します。

ディレクトリの中でも、特に名前のついたディレクトリがあるので、紹介します。

カレントディレクトリとは

カレント(current)とは「現在の」という意味です。つまり、カレントディレクトリは、今開いているディレクトリのことです。

ルートディレクトリとは

ルート(root)とは「根っこ」という意味です。ディレクトリは、中にディレクトリを作り、さらにその中にディレクトリが存在し、全体の構造は木のようになっていきます。

その一番根っこになるディレクトリを「ルートディレクトリ」といいます。

ルートディレクトリは、特別に「/」という記号で表されます。

▶ルートディレクトリの確認(macOS)

ルートディレクトリの中身をFinderで見てみましょう。まずは、次のようにします。

❶ 画面上部のメニューバーのアップルメニューのとなりに「Finder」が表示されていない場合はデスクトップをクリックします。

❷ メニューバーから[移動]をクリックし、表示されるメニューから[フォルダへ移動]をクリックします。

ショートカットキーは、右側に表記されている通り「shift+⌘+G」です。Macでは特殊記号の上向き矢印は「shift」という意味です。

[フォルダへ移動]をクリックすると、フォルダの場所の入力を求められます。ルートディレクトリを表す記号「/」を入力し、[移動]ボタンをクリックしてみましょう。

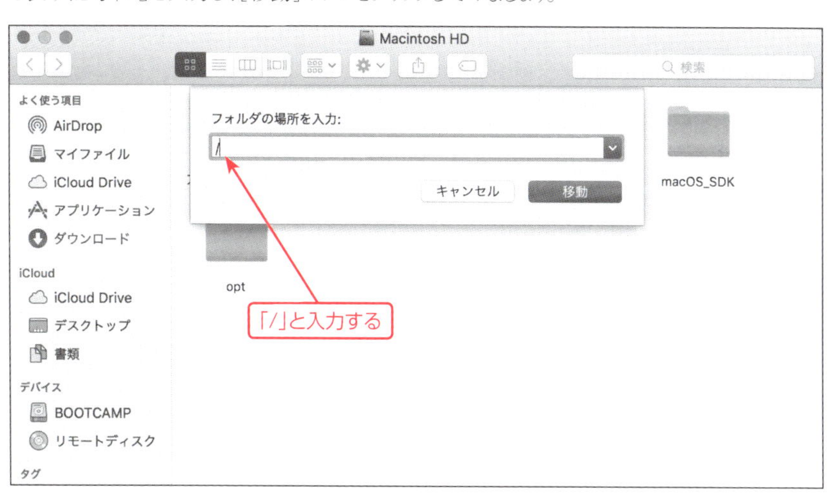

「移動」をクリックすると、ルートディレクトリに移動します。「Macintosh HD」というディレクトリがルートディレクトリです。

macOSでは、これより上位階層のディレクトリはありません。

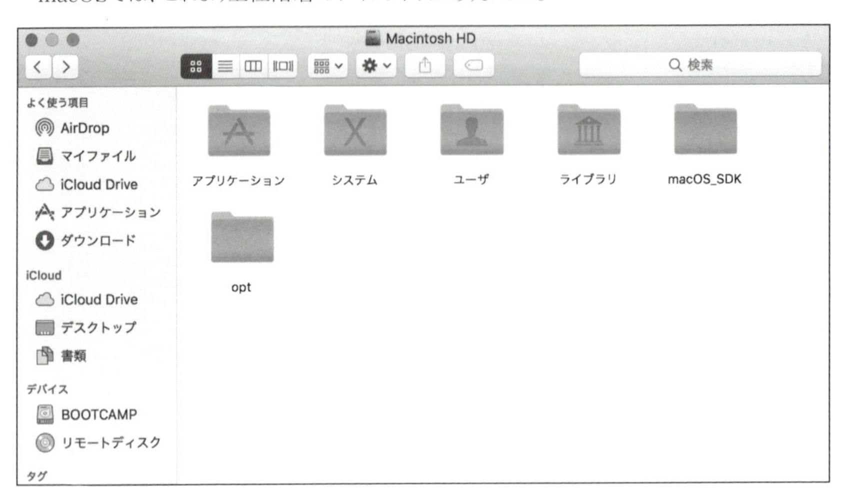

▶ルートディレクトリの確認(Windows)

Windowsにおけるルートディレクトリはパーティションごとに存在します。Cドライブ、Dドライブ、それぞれがルートディレクトリです。

これらに分岐する前の大きな根っこにあたる部分はありません。

❶ タスクバーの検索ボックスに「¥」と入力します。

❷ [コマンドを実行]をクリックします。

これでCドライブの直下が表示されます。

ホームディレクトリ

ホームディレクトリとは、ユーザーがログインしたときのカレントディレクトリのことです。コンピュータに複数のユーザーが存在する場合、ユーザーごとに作られます。

ホームディレクトリは、特別に「~」という記号で表されます。この記号はチルダと読みます。よく使うので、キーボードのどこにあるのかを覚えておきましょう。

- JISキーボードでは「shift + ^」
- USキーボードでは「shift + `」

▶ホームディレクトリの確認(macOS)

24ページではルートディレクトリまで移動しました。次は、そこからホームディレクトリまで移動してみましょう。

先ほどの手順でルートディレクトリに移動した後、「ユーザ」ディレクトリに移動します。

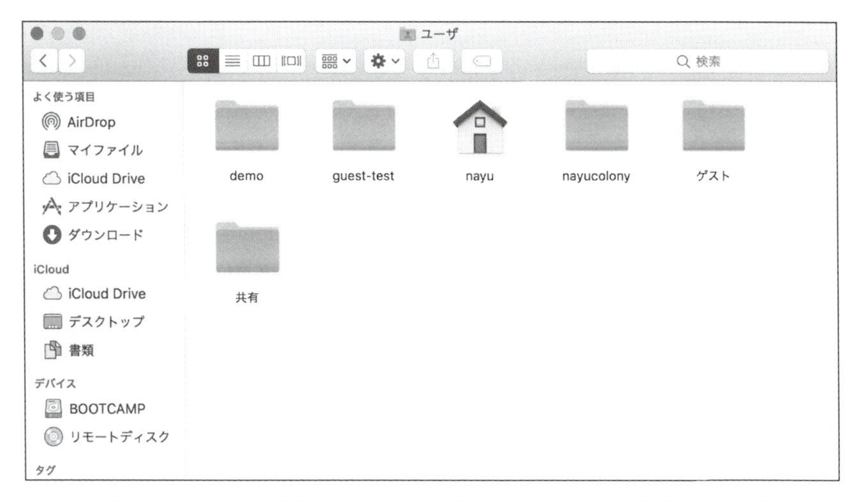

「ユーザ」ディレクトリに移動すると、次のように表示されます。いくつかあるディレクトリは、あなたのコンピュータのユーザの数だけ存在しています。ディレクトリ名は、それぞれのユーザ名で名前が付いています。

これらのうち「今、コンピュータにログインしているユーザー」の名前がついたディレクトリをホームディレクトリと呼びます。

見ての通り、ホームなので家のアイコンになっています。現在は「nayu」というユーザーがログインしているため、ホームディレクトリは「nayu」です。

では、ホームディレクトリをクリックして移動してみましょう。

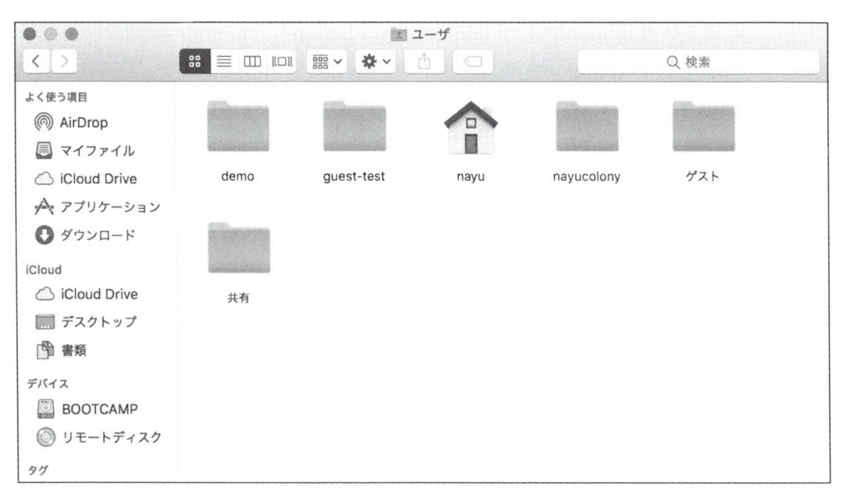

ホームディレクトリへ移動すると、次のように表示されます。

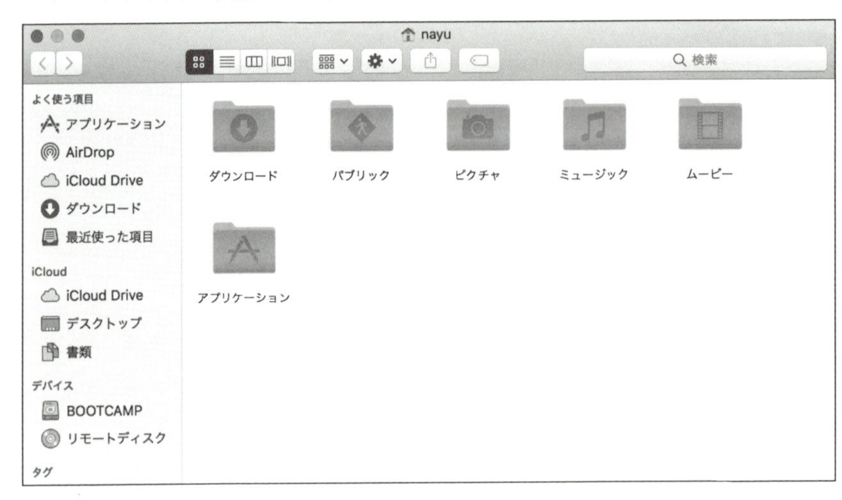

これが、ホームディレクトリの中身です。

ルートディレクトリからホームディレクトリに移動するには「ルートディレクトリ→ユーザディレクトリ→ホームディレクトリ」のようにすればいいことがわかりました。

また、ホームディレクトリに直接、移動することもできます。画面上部の［移動］メニューから「ホーム」をクリックすればOKです。

ショートカットキーは、右側に表記されている通り「shift+⌘+H」です。

これで、3つの特別なディレクトリと、ルートディレクトリ、ホームディレクトリの場所および位置関係がわかりました。

▶ ホームディレクトリの確認(Windows)

Windowsの場合も同様にホームディレクトリの場所を確認しましょう。

Windowsも、ホームディレクトリは`Users`ディレクトリ内にあります。

`Users`ディレクトリは、画面上では「ユーザー」と表示されていますが、システム上では「Users」というディレクトリ名で扱われます。

`Users`ディレクトリの中は次のようになっています。

ここでは「nayucolony」ディレクトリがホームディレクトリにあたります。

「パブリック」ディレクトリ(システム上は`public`ディレクトリ)は、全ユーザーが共通でアクセスできるディレクトリです。

すなわち、ホームディレクトリは「ホームディレクトリ→Usersディレクトリ→ユーザ名ディレクトリ」という風に移動すればよいことがわかります。

ファイルシステムは違えど、macOSと構造が同じになっています。

パスの基礎知識

パス(path)とは「道筋」という意味です。Photoshopやillustratorでベジェ曲線を引く際などにも使う「パス」も同じ意味です。点をつないで1つの道を作っているようなイメージです。

コンピュータは、何階層ものディレクトリ構造を持っています。そのディレクトリ構造のあらゆる場所にプログラムファイルが配置されています。実行するには、その「場所」を指定する必要があります。パスは、その場所を表現する方法です。

パスの表現方法には、3つの方法があります。

ルートパスとは

ルートパスとは、「ルートディレクトリから見た、目的のファイルの場所までの道筋」です。

ルートパスを表すときは、ルートディレクトリを表す記号「/」から開始します。「/」以降は、ディレクトリを移動するたびに「/」を付けていきます。

一番最初の「/」はルートディレクトリを表し、それ以降はディレクトリの階層が下層に移動していくことを示します。

これらを混同してしまわないようにしましょう。

▶ユーザディレクトリのルートパス

例として、ユーザディレクトリをルートパスで表現してみましょう。

ルートディレクトリからホームディレクトリへ移動する際は「ルートディレクトリ→ユーザディレクトリ→ホームディレクトリ」のようにすることを確認しました。

たとえば、ユーザ名「nayu」がログインしている場合に、ホームディレクトリの場所をルートパスで表現すると次のようになります。

```
/Users/nayu
```

また、Windowsでは次のように表現します。

```
C:¥Users¥nayu
```

Windowsではディレクトリの階層を「¥」マークで表します(日本語の場合)。また、ルートディレクトリはデフォルトではCドライブなので、ルートディレクトリは「C:¥」のように表します。なお、PowerShell上では、macOSと同様に、「¥」マークの代わりに「/」を使うこともできます。

▶ディレクトリ名が日本語なのはなぜ?

ここでディレクトリ名が「Users」となっていることに注目してください。「Users」ディレクトリは、Finder上で確認した時は「ユーザ」という名前でした。

実は、Finderなどで表示する際にはわかりやすいように日本語化されています。実際のディレクトリ名は「Users」となります。

これは、とあるファイルによって制御されています。詳しくは後述します。

相対パスとは

相対パスとは、「カレントディレクトリから見た、目的のファイルまでの道筋」です。カレントディレクトリは「.」という記号で表します。

相対パスはカレントディレクトリから見た道筋なので、「.」から開始します。

▶ 相対パスによる表現

例として、次のようなディレクトリ構成の場合を考えましょう。

```
~
├── Downloads
│   └── hogehoge
└── Desktop
```

ここで、カレントディレクトリが「ホームディレクトリ」のとき、「Downloads」ディレクトリまでの道筋を相対パスで表すと次のようになります。

```
./Downloads
```

同様にして、ホームディレクトリからDownloadsディレクトリの中のhogehogeディレクトリまでの道筋を相対パスで表す場合、次のようになります。

```
./Downloads/hogehoge
```

▶ 親ディレクトリの相対パス

あるディレクトリに対して、1つ上のディレクトリを親ディレクトリ(parent directory)と表現することがあります。相対パスによる表現は、ルートパスと違って上位階層も表現できます。

親ディレクトリを表す符号は「..」です。ピリオドが2つです。

たとえば、hogehogeディレクトリにとって親ディレクトリにあたるDownloadsディレクトリは次のように表現します。

```
..
```

また、hogehogeディレクトリから2階層上(ホームディレクトリ)を表す場合は次のようになります。

```
../..
```

このように連続させることもできます。親ディレクトリの親ディレクトリという風に遡る表現です。

さらに、hogehogeディレクトリからDesktopディレクトリまでの道筋を相対パスで表すときは次のようになります。

```
../../Desktop
```

相対パスによる表現は、ウェブ制作では「img要素のsrc属性」などでも頻繁に使うことがあります。

COLUMN 大文字と小文字は区別される?

今回の例で「Donwloads」「Desktop」など、大文字で表記されているディレクトリが現れました。これらは、大文字小文字を区別するのでしょうか。

答えは「基本的にはNo」です。これはOSにかかわらず大文字小文字を区別するかしないかを設定できます。

ただし、ウェブデザイナーの皆さんは、ここで「区別する」を選択してはいけません。

なぜなら、Adobeのアプリケーションは大文字・小文字を区別するファイルシステムがサポートされていない場合があるためです。アプリケーションの正常動作のためにも、区別しないようにしておきましょう。初期状態のままでOKです。

ターミナルの基本(macOS)

コマンドを使うために、ターミナルのことを知りましょう。

ターミナルの起動

まずはターミナルを開いてみましょう。macOSをお使いの方は、Terminal.appというアプリケーションを使用します。

▶ spotlightを使ったターミナルの起動

ターミナルを開く際は、Spotlight検索を使うと便利です。Spotlight検索を使うことで、マウスやトラックパッドに手を移動させることなくアプリケーションを起動できます。積極的に使っていきましょう。

Command + spaceキーを押すと検索フォームが現れます。その中に「Terminal.app」と入力してみましょう。入力途中でも、Terminal.appが「トップヒット」欄に現れる場合もあります。

Terminal.appが現れたら、矢印キーで選択して、Returnキーを押しましょう。ターミナルが起動します。

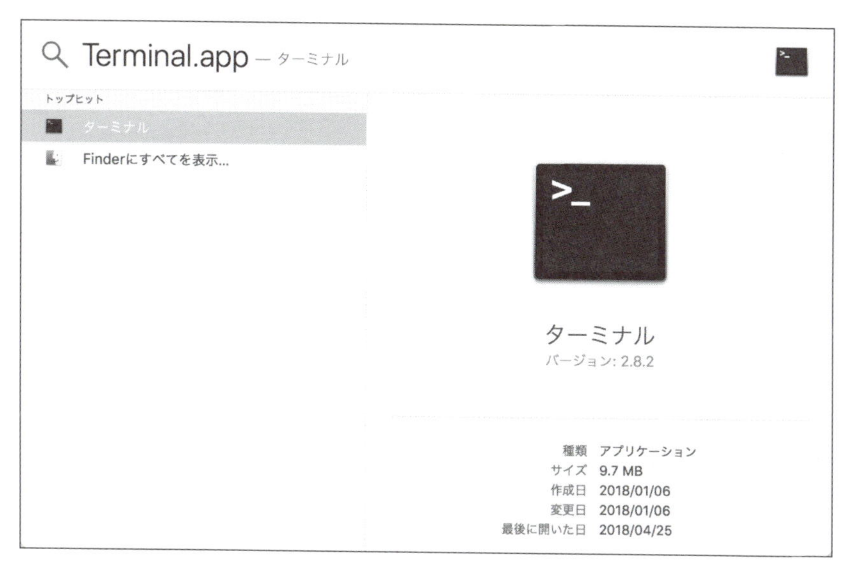

ターミナルの見方

まずは、ターミナルの見方を確認しましょう。

ウィンドウ上部の表記を確認します。「bash」という表記は今、起動しているシェルです。ターミナルからの入力は、シェルが解釈・処理を行い、OSを操作します。

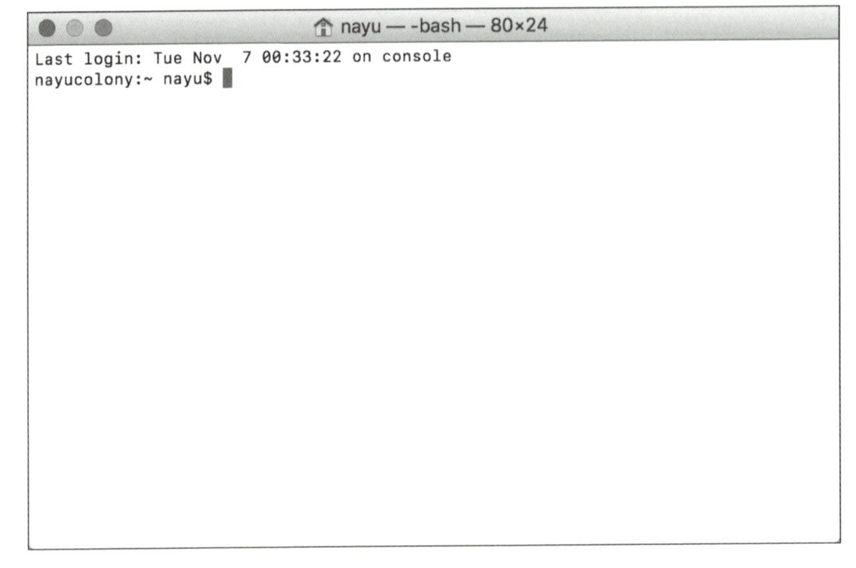
nayu — -bash — 80×24
Last login: Tue Nov 7 00:33:22 on console
nayucolony:~ nayu$

▶白い画面

macOS High Sierraでは、ターミナルの背景色は白です。よく「黒い画面」といわれますが、macOSのアプリでは、初期設定では黒くありません。

▶表示内容

表示されている文字列や記号の説明をしておきましょう。

まず、1行目は「シェルにログインした時刻」です。開発においてこれが重要になってくることありませんので、気にする必要はありません。

次に、2行目の説明です。この部分の表示は、次のように分けられます。

- 「nayucolony」→ コンピュータ名
- 「:」→ 区切りの文字(意味なし)
- 「~」→ 現在のディレクトリ
- 「nayu」→ ログインユーザー名
- 「$」→ ユーザー権限
- グレーの四角 → プロンプト

それぞれを説明していきます。

▶ コンピューター名

まず「nayucolony」の部分を説明します。こちらは、皆さんの表示は違っているはずです。これは「コンピューター名」を表示しています。

▶ 現在のディレクトリ(~)

ターミナルが現在作業をしているディレクトリです。現在は「~」が表示されています。これは、ホームディレクトリを指す記号です。

以降、紹介するコマンドを用いてディレクトリを移動すると、この部分の表示が変化します。

▶ ログインユーザー名

現在、OSにログインしているユーザー名です。そのままホームディレクトリの名前になります。

▶ ユーザー権限

ログインしているユーザーの権限を表します。

権限には「一般ユーザー」と「rootユーザー」の2種類がありますが、開発においてはまずrootユーザーとしての権限が必要になることはないので、紹介のみにとどめておきます。

一般ユーザとしてログインしている場合は「$」記号が表示されます。rootユーザーとしてログインしている場合は「#」が表示されます。

rootユーザーはコンピュータのシステムをまるごと削除できる権限まで持つため、本書ではログイン方法などの紹介はしません。ただし、今後コンピュータを操作するにあたり、そういった権限をもったログイン方法があるということは頭の片隅に置いておきましょう。「#」記号が表示されているときは特に注意が必要です。

▶ プロンプト

この部分は、実際はマーカーが点滅しています。「プロンプト」とは英単語の「prompt」のことで、「促す」という意味があります。プロンプトが点滅しているときは、ターミナルがコマンドの入力を受け付けているということになります。たとえば、長時間かかるような処理を行っている場合、プロンプトは一時的に消滅します。処理が完了すると、コマンドを実行できるようになるため、プロンプトの点滅が再開します。

初期表示の説明は以上です。

COLUMN コンピューター名を変更するには

コンピュータ名があまりにも長い場合、ターミナルのウィンドウが小さい場合に画面を埋め尽くしてしまいます。長すぎて見にくい場合は、適度な長さの文字列に変更することをおすすめします。この部分を変更したい場合は、次のようにしましょう。

まずは「システム環境設定」を起動します。Spotlight検索で検索する場合は「System Preferences.app」と入力すれば、カタカナや漢字の変換の手間も省けます。

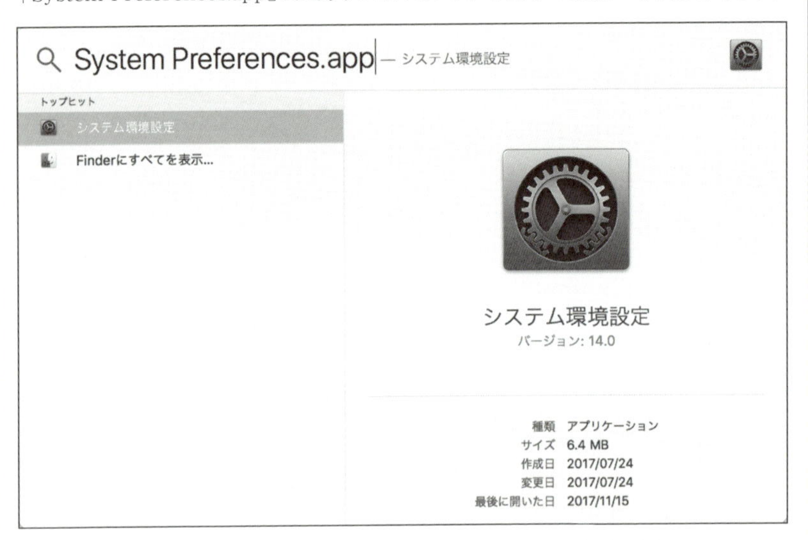

「システム環境設定」を開いたら、「共有」の項目をクリックして移動します。

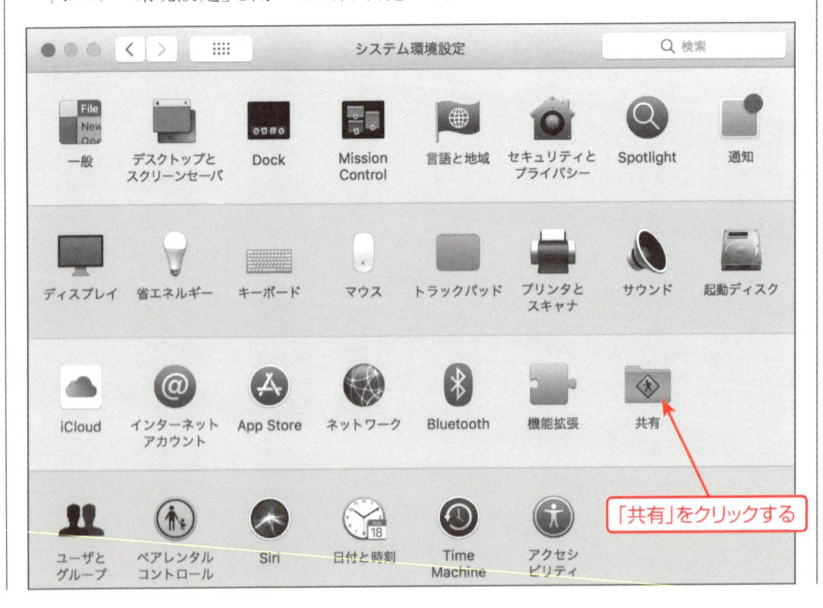

「共有」の項目は次のように表示されます。

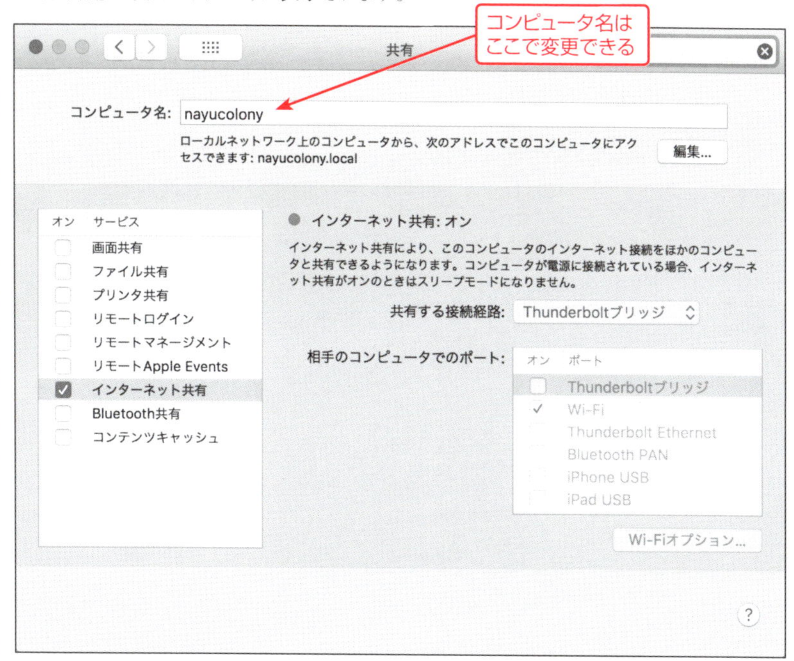

上部の「コンピュータ名」のラベルがついたフォームの文字列が、ターミナルの「コンピュータ名」に表示されます。ここを変更すればOKです。

ここで日本語を使用した場合、自動でアルファベット表記に変換されます。ですが、漢字の変換などが正確ではないのでおすすめはしません。たとえば、著者の場合「中村勇希 の MacBook Pro」が「nakamuraisamuki-no-MacBook-Pro」のようになってしまっていました。

PowerShellの基本(Windows)

Windowsでは、ターミナルおよびbashに代わりに、PowerShellというアプリケーションを使います。

PowerShellの起動

スタートキー + Xキーを押すと次のようにメニューが表示されます。

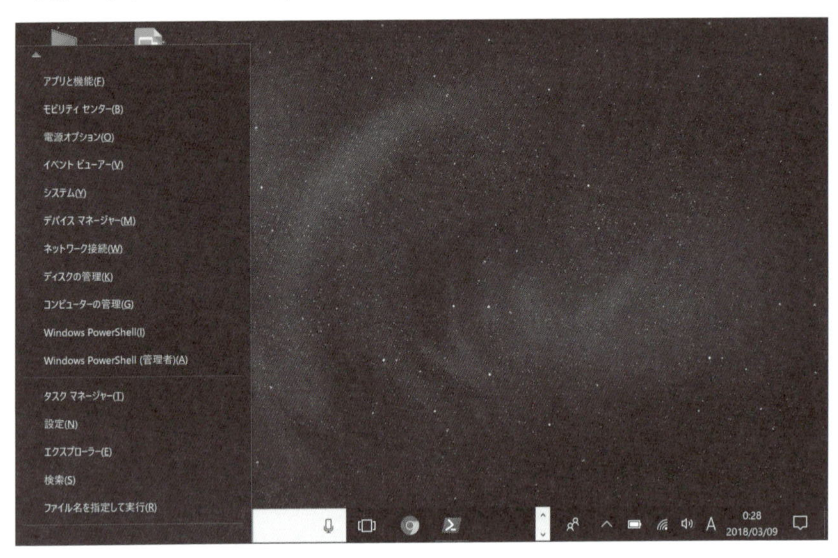

この状態でAキーを押すと、管理者として実行されます(その後、「ユーザーアカウント制御」の画面が表示されるので、[はい(Y)]ボタンをクリックします)。

ソフトウェアのインストールなどで管理者権限が必要になることは多いので、管理者として起動する方法を知っておきましょう。

PowerShellの見方

PowerShellの画面の見方を説明します。

▶ 表示内容

表示されている文字列や記号の説明をしておきましょう。次のように分けられます。

- 「PS」→ PowerShellの略
- 「C:¥WINDOWS¥system32」→ 現在のディレクトリ(管理者権限で起動した場合)
- 白い記号 → プロンプト

現在のディレクトリとプロンプトについては、ターミナルと同じになります。それぞれの説明は、ターミナルの項目(34ページ)を参照してください。

コマンドの基本

それでは、実際にコマンドを実行してみましょう。

Ⅲ コマンドの実行

本書では、「コマンドを実行する」という言葉を使います。たとえ、次のような形です。

次のコマンドを実行します。

```
$ pwd
```

このように表示された場合は、そのコマンドをターミナルに入力し、Returnキー（Enterキー）を押してください。そうすることで、コマンドが実行されます。「$」マークは必要ありません。これはコマンドラインでの作業であることをわかりやすくしているだけで、コマンドには含まれません。

同様に、PowerShellでは「$」ではなく「>」という記号が表示されています。これもコマンドには含まれないので、注意しましょう。

Ⅲ pwd（macOS／Windows共通）

コマンドライン操作において、「今、どのディレクトリで作業しているのか」は常に把握しておく必要があります。

ターミナル上にカレントディレクトリの表示は常時あるものの、あくまでも「今いるディレクトリ」の表示にすぎず、どの階層のどのディレクトリなのかまではわかりません。そのようなときに確認するためのコマンドがpwdコマンドです。

「pwd」は「print working directory」のそれぞれの単語の頭文字をとって組み合わせたものです。このコマンドを実行することで、現在のディレクトリのフルパスが出力されます。

▶ 実行サンプル

例として、コマンドを実行すると次のような画面表示となります。

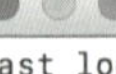
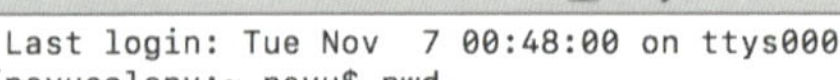
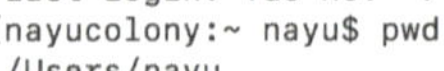
nayu — -bash — 80×24
Last login: Tue Nov 7 00:48:00 on ttys000
nayucolony:~ nayu$ pwd
/Users/nayu
nayucolony:~ nayu$

今、どのディレクトリに居るのかわからなくなったときは、このコマンドで確認しましょう。

clear（macOS／Windows共通）

コマンドの実行や出力を繰り替えすことで、ターミナルの画面が出力された文字列で埋め尽くされていきます。作業するときに画面が文字だらけでは「今何を作業しているのか」「どこからが今行った処理なのか」

などがわからなくなってしまいます。

ここで、画面の表示を消去するコマンドを紹介してます。それが`clear`コマンドです。

▶実行サンプル

実際に`clear`コマンドを実行して見ましょう。実行すると、すでに画面上に表示されている表示が消え、プロンプトの表示が1行目に移ります。

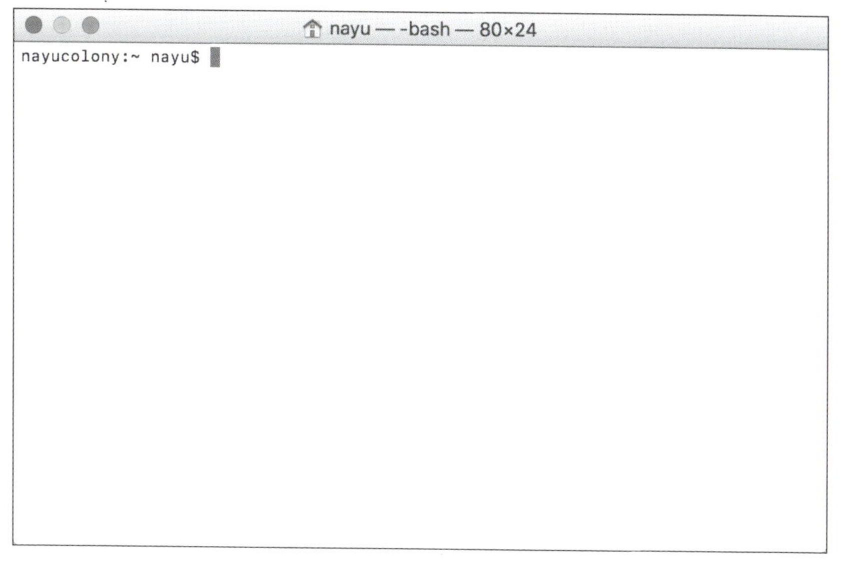

clearといっても、bashでは実際には削除されず、それまでの行が画面外にスクロールされます。もし、消してしまった表示を確認したい場合はスクロールすればOKです。

なお、PowerShellでは、実際に今まで表示されていたものが削除されます。

▶clearコマンドのショートカットキー

また、clearコマンドと同じ動きは`Ctrl + l`のショートカットキーでも可能です。いちいちコマンドを打つよりは、こちらの方がスマートなので、覚えておきましょう。

clearを行うことは、作業を行うときだけではなく、他者とターミナルのスクリーンショットを共有する際なども「余計な情報を載せて混乱させる」というメリットがあります。

以降、本書での説明は、説明なしに適宜、`clear`コマンドを実施していくものとします。

cd(macOS/Windows共通)

cdコマンドは、ディレクトリを移動するコマンドです。「Change Directory」のそれぞれの単語の頭文字をとったものです。cdの後ろに半角スペースを入力して、移動したいディレクトリのパスを入力して実行することで、現在のディレクトリが変更されます。このとき、パスはルートパスでも相対パスでも構いません。

▶実行サンプル

たとえば、ルートディレクトリに移動する際は、次のようにコマンドを実行します。

```
$ cd /
```

すると、次のように表示されます。現在のディレクトリを表示する部分が、ルートディレクトリを表す「/」に変わっていることが確認できます。

では、ホームディレクトリに戻ってみましょう。ルートディレクトリのときと同様に、cdに続いてホームディレクトリのパスを入力して実行します。

```
$ cd ~
```

すると、現在のディレクトリがホームディレクトリを表す「~」に変わりました。

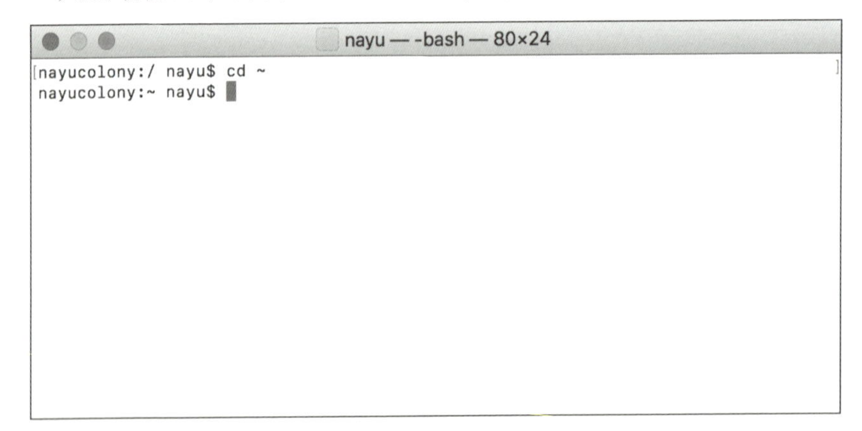

もう少し練習しましょう。先ほどpwdコマンドで確認したとおり、ルートディレクトリ(「/」)の中にはUsersディレクトリが存在しているはずなので、ルートパスを使ってそこに移動してみましょう。

```
$ cd /Users
```

すると、現在のディレクトリの表示が/Usersに変わりました。また、このディレクトリの中には、ユーザー名のディレクトリが存在しています。ここでは、相対パスを使って移動してみましょう。

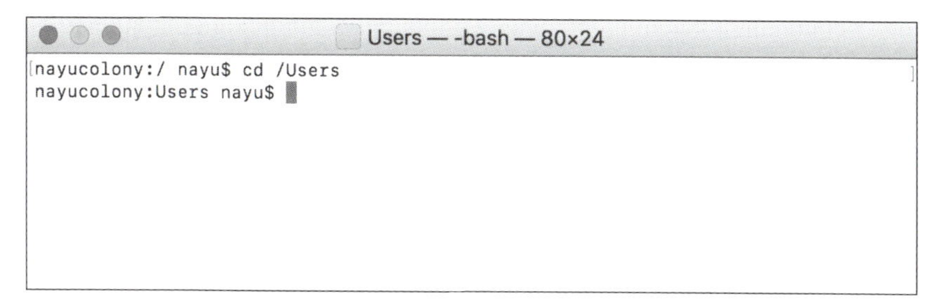

次のようにコマンドを実行します。「nayu」の部分はあなたのユーザー名になるので、pwdコマンドで表示された名前に置き換えてください。

```
$ cd ./nayu
```

すると、次のように表示されました。「~nayu」というように「~」がついていますが、これはホームディレクトリでもあることを表しています。ログインしているユーザーのディレクトリを特別にホームディレクトリと呼ぶことは、すでにディレクトリの項目で説明した通りです。

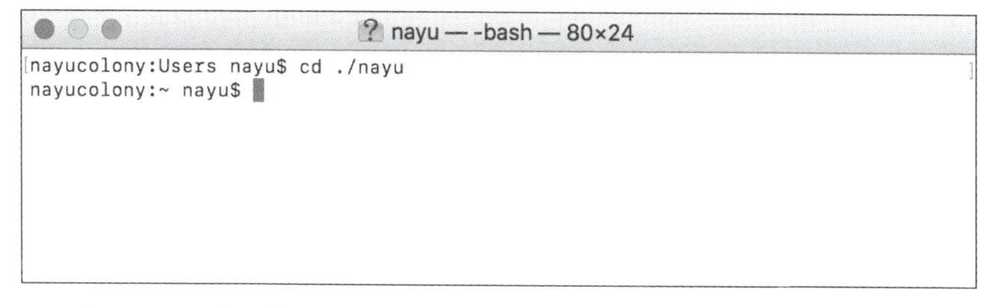

では、ルートパスと相対パスを使った移動ができたので、ホームディレクトリに戻りましょう。bashではホームディレクトリに戻る際に、実はパスを指定する必要はありません。つまりは、次のようにコマンドを入力すると、ホームディレクトリに移動できます。

```
$ cd
```

PowerShellでは、移動先を指定する必要があります。先ほどと同様に「cd ~」でホームディレクトリに戻りましょう。

このようにして、cdコマンドで「とりあえずホームディレクトリに戻る」ことができます。ホームディレクトリを起点にファイル整理をするようにしておくと、目的のディレクトリにアクセスしやすくなりますね。

ls(macOS/Windows共通)

lsコマンドは、ディレクトリの中身を表示するコマンドです。実行すると、ディレクトリの中身を表示してくれます。

▶ 実行サンプル

たとえば、ホームディレクトリにいる状態でlsコマンドを実行すると、次のように表示されます。

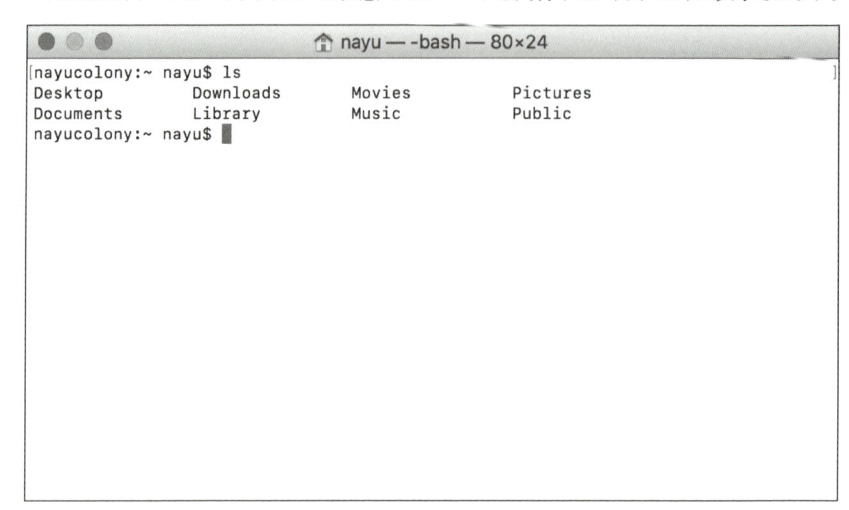

```
nayucolony:~ nayu$ ls
Desktop         Downloads       Movies          Pictures
Documents       Library         Music           Public
nayucolony:~ nayu$ 
```

では、Finderでホームディレクトリを確認してみましょう。すると、ファイルの種類は次のようになっています。

このように、表示の整合性がとれていません。

ターミナル上に出力された「Downloads」は「ダウンロード」など、なんとなくわかるものもあります。一方、「Desktop」と「Documents」に当たるものは存在しているはずなのにFinderでは表示されていません。

▶隠しファイル

実際のディレクトリ名と表示されているディレクトリ名の違い。この秘密は「隠しファイル」にあります。

ディレクトリ名は「Pictures」のはずなのにFinderにて「ピクチャ」と表示されています。このディレクトリの中身を確認してみましょう。

先ほどのように、`ls`コマンド単体で実行した場合は現在のディレクトリが表示されます。加えて`cd`コマンドのときのようにディレクトリのパスを指定することもできます。これを使うと、いちいちディレクトリを移動しなくても別のディレクトリの中身を表示することが可能です。

相対パスを使って`Pictures`ディレクトリの中身を確認するには、次のようにコマンドを実行します。

```
$ ls ./Pictures
```

コマンドを実行すると、次のように表示されます。

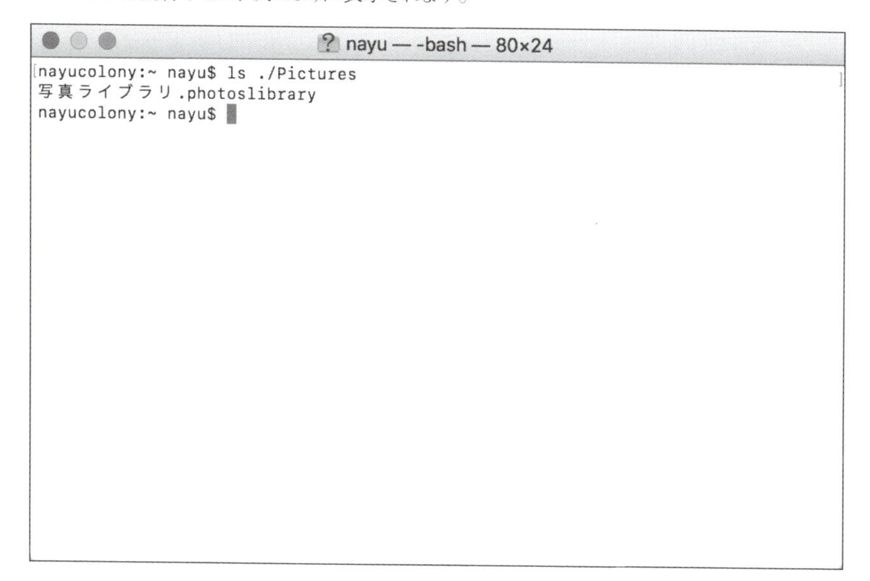

見慣れない拡張子ですが、**写真ライブラリ**`.photoslibrary`というディレクトリが表示されています。このファイルは写真ファイルの管理を担当しているものです(写真アプリを起動すると生成されます)。

ディレクトリ名が日本語に変わっている理由はこれではありません。

▶ allオプション(macOS)

コマンドには「オプション」を持つものがあります。lsコマンドもいくつかオプションを持っていますが、ここではその1つである「--all」オプションを使います。これは、隠しファイルを含めたすべてのファイルを表示するためのオプションです。

オプションを使う際は次のようにします。

```
$ ls --all
```

または、次のように短縮することもできます。ハイフンの数に気をつけましょう。

```
$ ls -a
```

このオプションを使って、もう一度、Picturesディレクトリの中を確認してみましょう。コマンドは、次のようにします。

```
$ ls -a ./Pictures
```

すると、次のように表示されました。

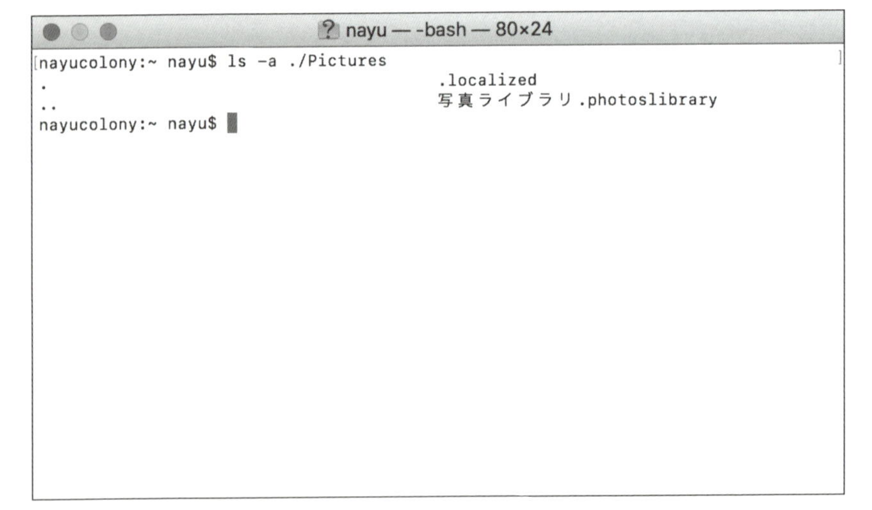

オプションがない状態でも表示されていた**写真ライブラリ.photoslibrary**以外に、「.」「..」「.localized」と3つ表示が増えています。これらの「.」で始まるファイルは、通常表示されない隠しファイルです。「.」をドットと読んで、通称、**ドットファイル**と呼ばれています。

さて、増えた3つのうち、「.」および「..」は「カレントディレクトリ」および「親ディレクトリ」を相対パスで表したものです。これらも、表記上は「.」で始まるため、通常は表示されません。

そして、「.localized」ファイルですが、これがファイル名を日本語に変更している要因となるファイルです。とはいっても、このファイル自体にプログラムが記載されているわけではありません。中身は何も記述されていません。このファイルがただ存在していることで、macOSの「Carbon」というシステムが自動でOSの言語に合わせた表記変更を行っています。

▶ -hオプション(Windows)

Powershellでは「--all」や「-a」オプションは使えません。これは、実は、Windowsではそもそもlsコマンドが存在しないことによります。

ただし、PowerShellのGet-ChildItemというコマンドが同じ役割の動きをするため、macOSに合わせてPowerShellでlsコマンドを実行するとGet-ChildItemコマンドが呼び出されるようになっているのです。

Get-ChildItemコマンドのオプションで隠しファイルを表示させるには「-Hidden」もしくは「-h」オプションを使います。

```
> ls -Hidden
```

たとえば、Usersディレクトリで実行すると、次のように表示されます。

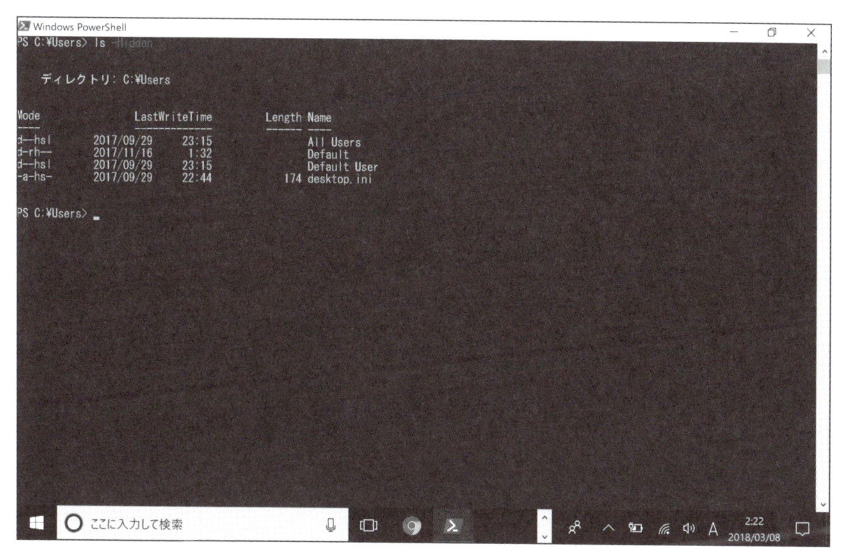

先ほどエクスプローラで見たときにはなかったdesktop.iniというファイルが表示されています。これがWindowsのファイルシステムに関与するファイルです。このファイルがファイルの日本語化を行っています。

mkdir(macOS/Windows共通)

mkdirコマンドは、新しくディレクトリを作るためのコマンドです。「make directory」のそれぞれの単語の頭文字をとったものです。

ターミナルで作業をするにあたり、今いるディレクトリの直下に新しくディレクトリを作りたい場面はよく現れます。ターミナルを使えば、すべてターミナル上で完結します。

その一歩目として、先ほどはcdコマンドでホームディレクトリに移動することを覚えました。これは、Finderでホームディレクトリを開くことに等しい操作です。次は、ディレクトリの作成をしてみましょう。

ディレクトリに付けたい名前を、mkdirコマンドに続いて入力して実行すればOKです。

▶実行サンプル

たとえば、practiceという名前でディレクトリを作る場合は、次のようにします。

```
$ mkdir practice
```

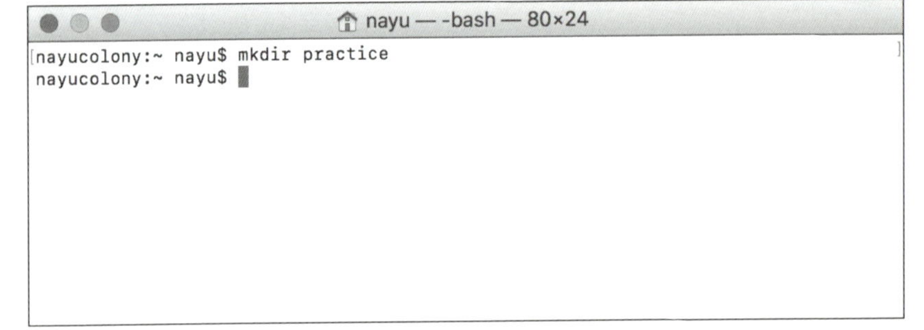

特に完了しても、何かの反応があるわけではありません。本当に作成されたのか、先ほど紹介したlsコマンドで確認してみましょう。次のようにします。

```
$ ls
```

すると、今作成したpracticeディレクトリが表示されました。

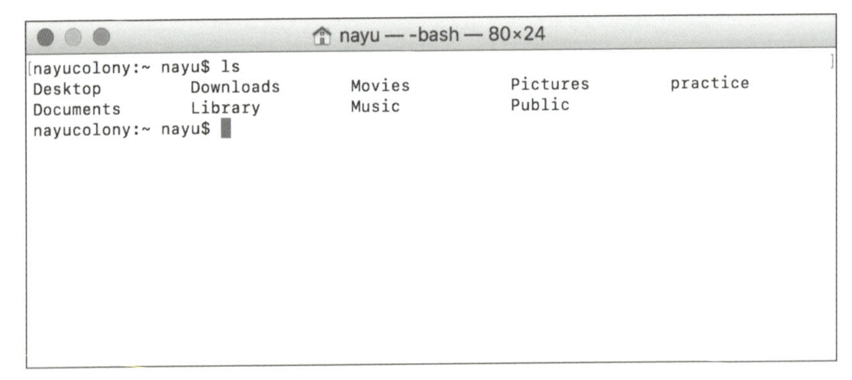

これで、ターミナルから新しくディレクトリを作ることができるようになりました。

open(macOS)

openコマンドは、指定したディレクトリをFinderで開くときに使います。いくらターミナルが便利だといっても、ドラッグ&ドロップやコピー&ペーストによるファイルの移動などでFinderを使用することはたくさんあります。そのときに、今いるディレクトリをFinderを開いてディレクトリ階層をたどって……とするのは面倒です。openコマンドを使うと、現在のディレクトリをFinderで開いてくれます。

▶実行サンプル

openコマンドは、開きたいディレクトリをパスで指定する必要があります。もし、現在のディレクトリを開きたい場合、パスは「.」なので、次のようにすればOKです。

```
$ open .
```

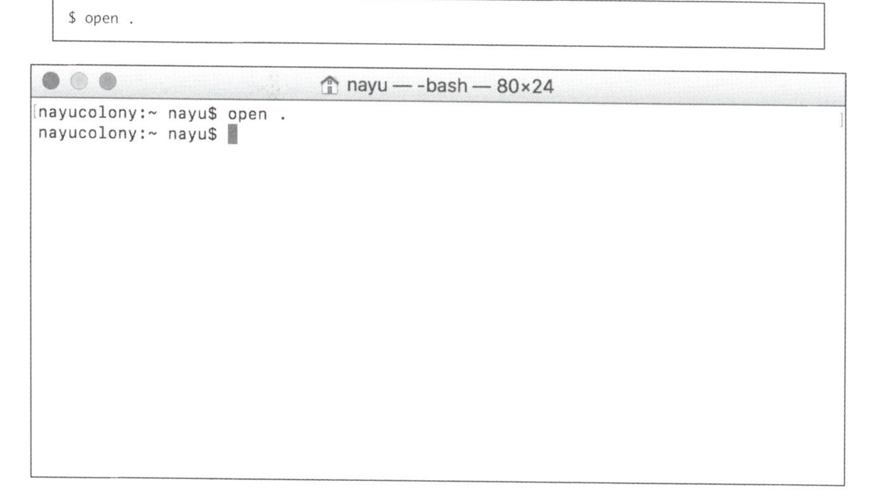

すると、今いるディレクトリがFinderで表示されます。先ほど作ったpracticeも表示されていますね。

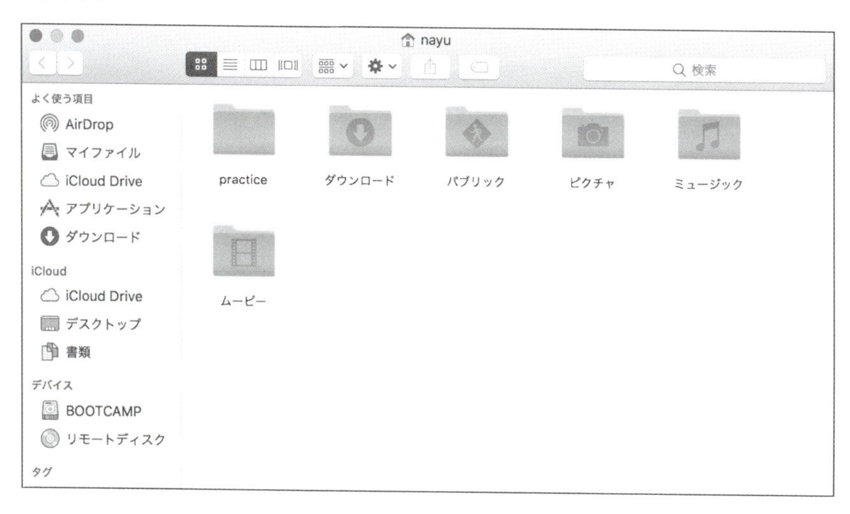

start(Windows)

openコマンドはWindowsにはありません。Windowsではstartコマンドが近い動きをします。

次のようにパスを渡すと、エクスプローラ(Windowsのファイラ)で開くことができます。

```
> start .
```

以上で、基本的な操作はすべて学びました。これらを覚えておけば、基本的にはOKです。コマンドは他にももっとたくさんありますが、本書での紹介はこの程度にとどめます。

開発環境を構築しよう

前章では基本的なターミナルの使い方を学びました。いよいよNode.jsやgulpを使っていくわけですが、その前にソフトウェアのインストールについて学びます。

パッケージマネージャを使うことで、ソフトウェアのインストールがとてもシンプルに行えるようになります。

Homebrewの概要とインストール（macOS）

macOS用のパッケージ管理システム「Homebrew」を紹介します。

Homebrewとは

Homebrew（ホームブリュー）とは、macOSで動作するパッケージ管理システムです。Homebrewを使うことで、コマンドライン上でツールのインストールができます。

- Homebrew — macOS 用パッケージマネージャー

  URL https://brew.sh/index_ja.html

Homebrewの意味と用語

「Homebrew」とは**自家醸造**という意味です。ソフトウェアのインストールを、ビールを醸造することに見立てています。

Homebrewでは用語がビールの自家醸造において使われる言葉になっています。たとえば、ソフトウェアインストールの流れは次のようになります。

- formula（調理手順）を取得する
- brew（醸造）でソースコードをコンパイルする
- celler（セラー・貯蔵庫）で格納する（「/usr/local/Cellar」ディレクトリ）

クラフトビールの作っているかのように、ソフトウェアをインストールしています。

Homebrewのメリット

Homebrewのメリットは、**コマンド1つでツールをインストールできる**ところです。

通常、何かツールをインストールする場合は、そのツール配布しているウェブページからインストーラをダウンロードします。その後、そのインストーラに従ってインストールをすすめます。

ところが、Homebrewを使えば、コマンドを実行するだけでその処理が済みます。これは単純に手間を省けるというのもありますが、**チームで作業する際はもっとメリットがあります。**

▶ コマンドはテキストとして共有できる

インストール作業をコマンドの実行に置き換える大きなメリットは「コマンドがテキストとして共有できる」ということにあります。

たとえば、**チームで同じツールの導入を試みる場合、インストールのコマンドをチャットなどで共有するだけで同じようにツールを導入できます。**

通常、チームメンバー全員で同じツールを導入しようとした場合、意外と共有すべき事項は多くなります。全員が環境構築になれたエンジニアではないことも多々あるでしょう。たとえば、次のような共有事項があります。

- 正確なツール名
- ウェブサイトのURL
- ダウンロードリンクの場所
- インストールしておくべきパス

コマンドに置き換えるならば、これらの共有は不要になります。実行した後のインストール処理はすべてHomebrewが行うので、間違いもありません。

▶ macOSではツール導入のスタンダード

Homebrewは、**macOSでツール導入する際のスタンダード**ともいえます。

特にウェブ上の情報ではその面が顕著です。ツール導入が必要な場合、Homebrewの環境が整っていることを前提としてインストールコマンドの共有のみで済まされることも多くあります。そういった場合にすぐに対応できるという点でも、Homebrewの導入は必須といえます。

Homebrewのインストール

Homebrewの公式ドキュメント(https://brew.sh/)の作業に従って、インストールを行います。

インストールにはrubyを使います。**macOSにはあらかじめrubyがインストールされているので、公式ドキュメントにあるコマンドを実行するだけでインストールできます。**

実行するのは次のようなコマンドです。手打ちは手間がかかりますので、公式ドキュメントにアクセスし、コピー&ペーストで実行することをおすすめします。

```
$ /usr/bin/ruby -e \
"$(curl -fsSL https://raw.githubusercontent.com/Homebrew/install/master/install)"
```

このコマンドは「**HomebrewのGitHubリポジトリにあるHomebrewのインストールプログラムを取得し、rubyで実行する**」というものです。

▶ curlコマンド

curl(カール)コマンドは、URLにアクセスしてデータを取得するコマンドです。「client for URLs」に由来します。

curlコマンドに続くURLにアクセスし、「Homebrewのインストールに使うプログラム」を丸ごと取得しています。また、「-fsSL」はcurlコマンドのオプションです。たとえば、URLが変わっていたときのリダイレクトや、エラーが出てるときの処理に関わっています。

▶ rubyコマンド

rubyコマンドは、ruby言語で書かれたプログラムを実行するコマンドです。

curlコマンドでインストールコードを取得すると、最初のコマンドは次のような形になります。

```
$ ruby -e <curlで取得したプログラム>
```

これで、取得したプログラムがrubyコマンドで実行され、Homebrewがインストールされます。

「-e」とはrubyコマンドのオプションです。入力された文字列の改行を無視してひとまとまりのプログラムとして扱うためのものです。これにより、curlコマンドで取得した長いプログラムが、一連の長いrubyプログラムとして実行されます。

プログラムを実行すると、Homebrewでインストールしたパッケージを管理するためのディレクトリが作られます。

▶ Xcode Command Line Toolsのインストール

もしも「Xcode Command Line Tools」がインストールされていない場合は、ここでインストール作業が割り込んできます。必要なツールなので、インストールします。

なお、Xcodeをお使いの場合など、すでにインストールされている場合もあるでしょう。その場合すぐにHomebrewのインストールが始まりますので、ここはスキップされます。

次の表示が出たら、Returnキーを押しましょう。

```
nayu — ruby -e #!/System/Library/Frameworks/Ruby.framework/Versions/Curre...
/usr/local/bin/brew
/usr/local/share/doc/homebrew
/usr/local/share/man/man1/brew.1
/usr/local/share/zsh/site-functions/_brew
/usr/local/etc/bash_completion.d/brew
/usr/local/Homebrew
==> The following new directories will be created:
/usr/local/Cellar
/usr/local/Homebrew
/usr/local/Frameworks
/usr/local/bin
/usr/local/etc
/usr/local/include
/usr/local/lib
/usr/local/opt
/usr/local/sbin
/usr/local/share
/usr/local/share/zsh
/usr/local/share/zsh/site-functions
/usr/local/var
==> The Xcode Command Line Tools will be installed.

Press RETURN to continue or any other key to abort
```

インストールの際にパスワードを聞かれます。画面上に表示はされませんが、入力してReturnキーを押しましょう。

```
nayu — sudo ◂ ruby -e #!/System/Library/Frameworks/Ruby.framework/Version...
/usr/local/etc/bash_completion.d/brew
/usr/local/Homebrew
==> The following new directories will be created:
/usr/local/Cellar
/usr/local/Homebrew
/usr/local/Frameworks
/usr/local/bin
/usr/local/etc
/usr/local/include
/usr/local/lib
/usr/local/opt
/usr/local/sbin
/usr/local/share
/usr/local/share/zsh
/usr/local/share/zsh/site-functions
/usr/local/var
==> The Xcode Command Line Tools will be installed.

Press RETURN to continue or any other key to abort
==> /usr/bin/sudo /bin/mkdir -p /usr/local/Cellar /usr/local/Homebrew /usr/local
/Frameworks /usr/local/bin /usr/local/etc /usr/local/include /usr/local/lib /usr
/local/opt /usr/local/sbin /usr/local/share /usr/local/share/zsh /usr/local/shar
e/zsh/site-functions /usr/local/var
Password:
```

この後、Xcode Command Line Toolsのダウンロードとインストールが行われます。大きめのファイルなので少し時間がかかります。反応がないように見えますが、安心して待ちましょう。

その後まもなくHomebrewのインストールがはじまります。

Gitのインストール

本書では、後述するNode.js環境構築の際にGitを使います。なぜなら、使用するツールがGitHub上に公開されているからです。自らGitによるバージョン管理などを行う予定がなくても、GitHubからソースコードをダウンロードする際にGitコマンドを使うことになります。Homebrewと同様に、必要なプログラムはGitHubに公開されていて、各自コマンドを実行してダウンロードするというパターンも多いです。

そのため、Homebrewを使って、Gitをインストールします。

▶ Gitがインストールされているかの確認

もしすでにGitをインストールしている場合は、Gitのインストール作業を行う必要はありません。Gitがインストールされているかどうかを確認するには、次のコマンドを実行すればOKです。

```
$ git
```

Gitがインストールされている場合、次のようなテキストが出力されます。

```
usage: git [--version] [--help] [-C <path>] [-c name=value]
           [--exec-path[=<path>]] [--html-path] [--man-path] [--info-path]
           [-p | --paginate | --no-pager] [--no-replace-objects] [--bare]
           [--git-dir=<path>] [--work-tree=<path>] [--namespace=<name>]
           <command> [<args>]

(以下省略)
```

もし、インストールされていない場合は、次のように出力されます。

```
bash: git: command not found
```

この場合は、Gitをインストールしましょう。

▶ Gitのインストール

Homebrewを使ってインストールを行います。Homebrewは`brew`というコマンドで動きます。gitをインストールするには次のようにコマンドを実行します。

```
$ brew install git
```

コマンドを実行すると、次のように表示されます。

```
==> Downloading https://Homebrew.bintray.com/bottles/git-2.15.1.high_sierra.bottle.tar.gz
########################################################################## 100.0%
==> Pouring git-2.15.1.high_sierra.bottle.tar.gz
==> Caveats
Bash completion has been installed to:
  /usr/local/etc/bash_completion.d

zsh completions and functions have been installed to:
  /usr/local/share/zsh/site-functions

Emacs Lisp files have been installed to:
  /usr/local/share/emacs/site-lisp/git
==> Summary
🍺  /usr/local/Cellar/git/2.15.1: 1,488 files, 34.1MB
```

14行目で`/usr/local/Cellar`ディレクトリに`git`ディレクトリが作られました。
このように出力されたらインストール完了です。貯蔵庫に醸造したビールが納められました。

▶ gitコマンドの実行

インストールが完了したかどうかの確認は、`git`コマンドを実行すればOKです。

```
$ git
```

コマンドを実行すると、gitがインストールされている場合は、次のように出力されます。これは、Gitコマンドの使い方を説明したものです。

```
usage: git [--version] [--help] [-C <path>] [-c name=value]
           [--exec-path[=<path>]] [--html-path] [--man-path] [--info-path]
           [-p | --paginate | --no-pager] [--no-replace-objects] [--bare]
           [--git-dir=<path>] [--work-tree=<path>] [--namespace=<name>]
           <command> [<args>]

These are common Git commands used in various situations:

start a working area (see also: git help tutorial)
   clone      Clone a repository into a new directory
   init       Create an empty Git repository or reinitialize an existing one

work on the current change (see also: git help everyday)
   add        Add file contents to the index
   mv         Move or rename a file, a directory, or a symlink
   reset      Reset current HEAD to the specified state
   rm         Remove files from the working tree and from the index

examine the history and state (see also: git help revisions)
   bisect     Use binary search to find the commit that introduced a bug
   grep       Print lines matching a pattern
   log        Show commit logs
   show       Show various types of objects
   status     Show the working tree status

grow, mark and tweak your common history
   branch     List, create, or delete branches
   checkout   Switch branches or restore working tree files
   commit     Record changes to the repository
   diff       Show changes between commits, commit and working tree, etc
   merge      Join two or more development histories together
   rebase     Reapply commits on top of another base tip
   tag        Create, list, delete or verify a tag object signed with GPG

collaborate (see also: git help workflows)
   fetch      Download objects and refs from another repository
   pull       Fetch from and integrate with another repository or a local branch
   push       Update remote refs along with associated objects

'git help -a' and 'git help -g' list available subcommands and some
concept guides. See 'git help <command>' or 'git help <concept>'
to read about a specific subcommand or concept.
```

これで、Gitを使う準備ができました。

本書ではあくまでGitHubからのダウンロード用のコマンドとして使うのみですが、Gitは便利なツールです。本書でコマンドライン操作に抵抗がなくなったら、ぜひGitに挑戦してみましょう。

SECTION-013

Homebrew-Caskの概要とインストール(macOS)

Homebrewを拡張する**Homebrew-Cask**を使うと、コマンドライン用のツール以外にも、Visual Stusio CodeやGoogle ChromeのようなGUIを持つツールもインストールできます。

Homebrew-Caskとは

「Homebrew-Cask」とは、Homebrewを拡張するツールです。読みは「カスク」で、意味は酒などを入れる大きな樽のことです。

- Homebrew-Cask

URL https://caskroom.github.io/

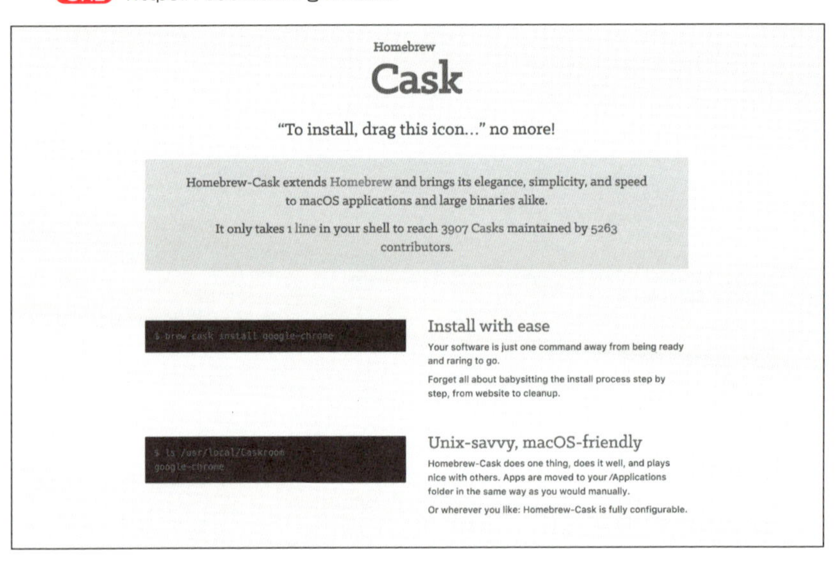

Homebrew-Caskを使うと、**GUIを持つツールをコマンドライン経由でインストール**できます。App storeのような感覚で、コマンドライン上からさまざまなツールをダウンロードできます。

Homebrew-Caskのメリット

Homebrew-Caskを用いたインストールは、通常のインストーラにはない明確なメリットがあります。これらの魅力は**インストールするソフトウェアの名前リストさえあれば、コマンド1つでアプリのインストールが完了する**という点にあります。

たとえば、次のようなシチュエーションのときに大きな効果を発揮します。

- 新しいマシンに買い替えたとき
- 入社して環境が変わったとき

このようなとき、パッケージマネージャを使っていない場合は、次の手順が発生します。

- 1つひとつブラウザで検索する
- ウェブページにアクセス
- インストーラをダウンロード
- インストーラを起動・インストール作業の実行

この流れをソフトの数だけこなすことになります。

これが、パッケージマネージャを使うと「リストに従ってダウンロード」のコマンド1つで環境構築が完了します。

Homebrew-Caskのインストール

Homebrew-Caskは、Homebrewを使ってインストールします。次のコマンドを実行しましょう。

```
$ brew install cask
```

次のように出力されたらインストール完了です。

```
==> Summary
🍺  /usr/local/Cellar/cask/0.8.1_1: 14 files, 166.6KB, built in 8 seconds
```

`/usr/local/Cellar`ディレクトリに`cask`ディレクトリが作られ、その中にコマンドが格納されています。

Homebrew-Caskでツールのインストール

Homebrew-Caskを使ってアプリをインストールしてみましょう。

▶一覧表示

`brew cask search`コマンドを実行すると、インストール可能なすべてアプリケーションを表示できます。

```
$ brew cask search
```

▶単語検索

Homebrew-Caskは執筆時点で4000弱のアプリケーションが登録されています。これらを1つひとつ目視で確認するのは大変です。

インストールしたいアプリケーションがあるかどうかを確認したい場合は、次のように単語の一部を続けて入力しましょう。

```
$ brew cask search [文字列]
```

コマンドを実行すると、インストール可能なアプリケーションの一覧が出てきます。

下記は主要なアプリケーションの例です。

- テキストエディタの「Atom」
- ブラウザの「Google Chrome」「Mozilla Firefox」
- ファイル管理に使える「Dropbox」
- 画像編集ソフト「Skitch」
- 音声チャット「Skype」「Discord」

これらはあくまで一部ですが、すべてコマンドライン経由でインストールできます。

▶ Google Chromeのインストール

例として、Homebrew-caskを使ってGoogle Chromeをインストールしてみましょう。

インストールするにはHomebrew-cask上の登録名を指定する必要があります。searchコマンドを使って登録名を調べましょう。

名前に含まれているであろう「chrome」を入力して実行します。

```
$ brew cask search chrome
```

コマンドを実行すると、次のように出力されます。これらは、指定した単語を含むアプリケーションの一覧です。

```
==> Partial Matches
chrome-devtools          chrome-remote-desktop-host          dmm-player-for-chrome
epichrome                google-chrome                       mkchromecast
==> Remote Matches
caskroom/versions/google-chrome-canary                       caskroom/versions/
google-chrome-beta                      caskroom/versions/google-chrome-dev
```

これを見ると、登録名は`google-chrome`で間違いないでしょう。

登録名がわかったので、指定してインストールします。次のコマンドを実行しましょう。

```
$ brew cask install google-chrome
```

`Partial Matches`とは、指定した単語に「部分的に一致」したアプリケーションです。また、`Remote Matches`は、通常インストールされるものとは別のバージョンの情報がリポジトリ上で見つかった場合に表示されます。

たとえば「Google Chrome」は、開発者向けバージョンや、リリース前のベータ版などが配信されています。

Remote Matchesはそれらが選べるようになっています。

Google Chrome Canaryとは、最新機能を実装しては毎日アップデートされているバージョンです。通常版とは別にインストールできるので、入れておくことをお勧めします。

インストールする場合、次のようにコマンドを実行すればOKです。

```
$ brew cask install caskroom/versions/google-chrome-canary
```

▶ Visual Studio Codeのインストール

Visual Studio Codeは、オープンソースのテキストエディタです。Microsoftにより開発されています。

本書ではVisual Studio Codeを使った説明を行いますので、同じ画面で確認したい場合はここでインストールしておきましょう。次のコマンドでインストールできます。

```
$ brew cask install visual-studio-code
```

bundle dump

Homebrewを使ってインストールしたアプリケーションはBrewfileというファイルとして書き出せます。Brewfileファイルがあれば、ワンコマンドですべてのアプリケーションをインストールできます。

次のコマンドで書き出せます。ファイルはカレントディレクトリに書き出されます。

```
$ brew bundle dump
```

上書き保存する場合は、次のようにオプションを付けましょう。

```
$ brew bundle dump --force
```

書き出されたファイルの内容は次のようになっています。

◉Brewfile

```
tap "caskroom/cask"
tap "caskroom/versions"
tap "homebrew/bundle"
tap "homebrew/core"
tap "homebrew/php"
tap "homebrew/services"
tap "sanemat/font"
cask "caskroom/versions/discord-canary"
cask "caskroom/versions/google-chrome-canary"
```

▶ Brewfileファイルを使ったインストール

このリストに従ってインストールするには、Brewfileファイルがあるディレクトリで次のコマンドを実行すればOKです。

```
$ brew bundle
```

これでリストに従ってインストール作業が行われます。

ファイルを共有して管理するとチーム内での環境構築の効率化につながります。

SECTION-014

chocolateyの概要とインストール (Windows)

WindowsではHomebrewの代わりにchocolatey(チョコレティ)というパッケージマネージャを使用します。

chocolateyのインストール

chocolateyの公式サイトにchocolateyのインストール方法が載っています。

- Chocolatey - The package manager for Windows
  URL https://chocolatey.org/

Windowsの「PowerShell」を管理者権限で起動し、次のコードを実行すると、chocolateyがインストールされます。手打ちは手間がかかってしまうので、公式ページに掲載されているコードのコピー&ペーストがおすすめです。

URL https://chocolatey.org/install

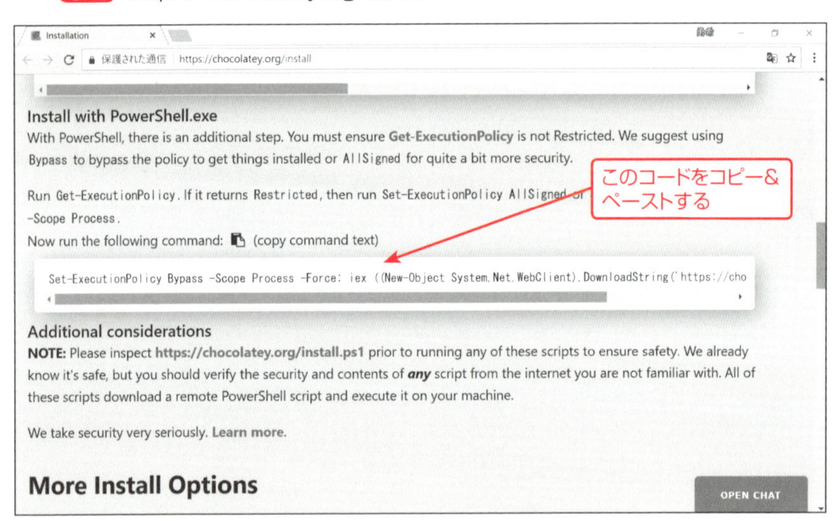

次のコマンド(PowerShellではコマンドレットという)を実行するとインストールが開始します。

```
> Set-ExecutionPolicy Bypass -Scope Process -Force; `
iex ((New-Object System.Net.WebClient).DownloadString('https://chocolatey.org/install.ps1'))
```

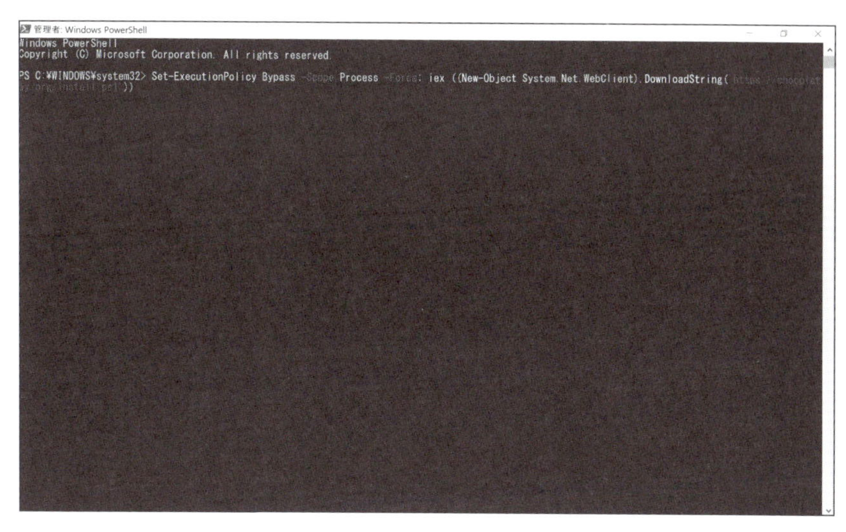

コマンドを実行すると、次のように出力されていきます。

```
管理者: Windows PowerShell
Windows PowerShell
Copyright (C) Microsoft Corporation. All rights reserved.

PS C:¥WINDOWS¥system32> Set-ExecutionPolicy Bypass -Scope Process -Force; iex ((New-Object System.Net.WebClient).DownloadString('https://chocolatey.org/install.ps1'))
Getting latest version of the Chocolatey package for download.
Getting Chocolatey from https://chocolatey.org/api/v2/package/chocolatey/0.10.8.
Extracting C:¥Users¥NAYUCO~1¥AppData¥Local¥Temp¥chocolatey¥chocInstall¥chocolatey.zip to C:¥Users¥NAYUCO~1¥AppData¥Local¥Temp¥chocolatey¥chocInstall...
Installing chocolatey on this machine
Creating ChocolateyInstall as an environment variable (targeting 'Machine')
  Setting ChocolateyInstall to 'C:¥ProgramData¥chocolatey'
WARNING: It's very likely you will need to close and reopen your shell
  before you can use choco.
Restricting write permissions to Administrators
We are setting up the Chocolatey package repository.
The packages themselves go to 'C:¥ProgramData¥chocolatey¥lib'
  (i.e. C:¥ProgramData¥chocolatey¥lib¥yourPackageName).
A shim file for the command line goes to 'C:¥ProgramData¥chocolatey¥bin'
  and points to an executable in 'C:¥ProgramData¥chocolatey¥lib¥yourPackageName'.

Creating Chocolatey folders if they do not already exist.

WARNING: You can safely ignore errors related to missing log files when
  upgrading from a version of Chocolatey less than 0.9.9.
  'Batch file could not be found' is also safe to ignore.
  'The system cannot find the file specified' - also safe.
PATH environment variable does not have C:¥ProgramData¥chocolatey¥bin in it. Adding...
警告: Not setting tab completion: Profile file does not exist at
'C:¥Users¥nayucolony¥Documents¥WindowsPowerShell¥Microsoft.PowerShell_profile.ps1'.
Chocolatey (choco.exe) is now ready.
You can call choco from anywhere, command line or powershell by typing choco.
Run choco /? for a list of functions.
You may need to shut down and restart powershell and/or consoles
 first prior to using choco.
Ensuring chocolatey commands are on the path
Ensuring chocolatey.nupkg is in the lib folder
PS C:¥WINDOWS¥system32>
```

文字が黄色くなっている、最初のWARNINGに注目です。この英文は「chocolateyを使う前に、シェルを閉じて再起動してください」ということが書かれています。これに従って、一旦、PowerShellを再起動しましょう。

chocolateyの起動

chocolateyを起動します。chocolateyは**choco**というコマンドで起動します。次のコマンドを実行します。

```
> choco
```

コマンドを実行すると、バージョン情報が表示されます。

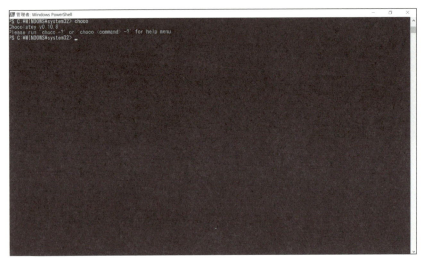

インストールと起動が確認できました。

Gitのインストール

chocolateyを使ってGitをインストールしてみましょう。

▶インストールコマンド

インストールに使えるコマンドは短縮系を含めて複数あります。

```
> chocolatey install
```

```
> choco install
```

```
> cinst
```

本書では一番短い`cinst`コマンドを使います。

▶ Gitのインストール

chocolateyを使ってGitをインストールするには、次のコマンドを実行します。

```
> cinst git
```

コマンドを実行すると次のように出力されます。

```
管理者: Windows PowerShell
PS C:¥WINDOWS¥system32> cinst git
Chocolatey v0.10.8
Installing the following packages:
git
By installing you accept licenses for the packages.
Progress: Downloading git.install 2.16.1... 100%
Progress: Downloading git 2.16.1... 100%

git.install v2.16.1 [Approved]
git.install package files install completed. Performing other installation steps.
The package git.install wants to run 'chocolateyInstall.ps1'.
Note: If you don't run this script, the installation will fail.
Note: To confirm automatically next time, use '-y' or consider:
choco feature enable -n allowGlobalConfirmation
Do you want to run the script?([Y]es/[N]o/[P]rint): Y
```

途中、インストールの許可を求められます。Yesの意味で「Y」と入力してEnterでOKです。インストールが完了したら、起動して確認しましょう。

```
> git
```

次のように表示されます。

```
管理者: Windows PowerShell
PS C:¥WINDOWS¥system32> git
usage: git [--version] [--help] [-C <path>] [-c name=value]
           [--exec-path[=<path>]] [--html-path] [--man-path] [--info-path]
           [-p | --paginate | --no-pager] [--no-replace-objects] [--bare]
           [--git-dir=<path>] [--work-tree=<path>] [--namespace=<name>]
           <command> [<args>]

These are common Git commands used in various situations:

start a working area (see also: git help tutorial)
   clone      Clone a repository into a new directory
   init       Create an empty Git repository or reinitialize an existing one

work on the current change (see also: git help everyday)
   add        Add file contents to the index
   mv         Move or rename a file, a directory, or a symlink
   reset      Reset current HEAD to the specified state
   rm         Remove files from the working tree and from the index

examine the history and state (see also: git help revisions)
   bisect     Use binary search to find the commit that introduced a bug
   grep       Print lines matching a pattern
   log        Show commit logs
   show       Show various types of objects
   status     Show the working tree status

grow, mark and tweak your common history
   branch     List, create, or delete branches
   checkout   Switch branches or restore working tree files
   commit     Record changes to the repository
   diff       Show changes between commits, commit and working tree, etc
   merge      Join two or more development histories together
   rebase     Reapply commits on top of another base tip
   tag        Create, list, delete or verify a tag object signed with GPG

collaborate (see also: git help workflows)
   fetch      Download objects and refs from another repository
   pull       Fetch from and integrate with another repository or a local branch
```

インストールできるソフト

git以外にもさまざまなアプリケーションがインストールできます。たとえば、次のようなものがあります。

- Dropbox
- Discord
- Slack
- Google Chrome
- Mozilla Firefox
- Atom
- Visual Studio Code

他にも5000以上のアプリケーションがインストール可能です。

インストールしたいアプリケーションがある場合は、公式ページの「Packages」を参照してみましょう。

URL https://chocolatey.org/packages

chocolatey GUI

chocolateyにはGUIアプリケーションもあります。次のコマンドでインストールできます。

```
$ cinst chocolateygui -y
```

「-y」とは、インストール時の許可を求める命令を自動でイエス回答するためのオプションです。

インストールが完了したら、スタートメニューに登録されますので起動しましょう。次のような画面が表示されます。

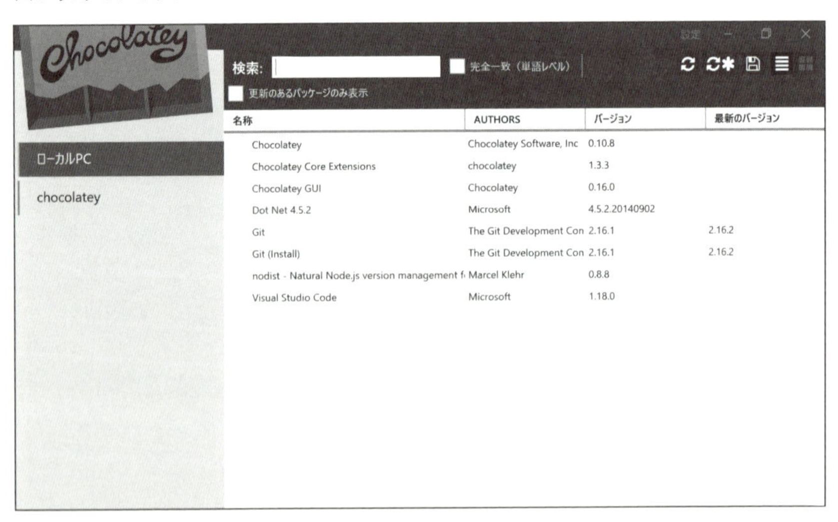

▶ インストールリストのエクスポート

右上の「エクスポート」ボタンからパッケージの一覧をファイルとして書き出せます。

このボタンでパッケージの一覧をファイルとして書き出す

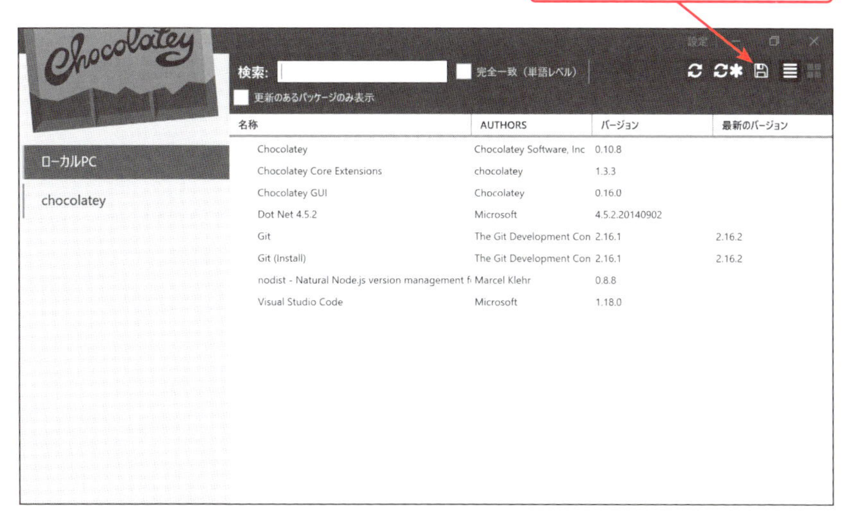

書き出したファイルは、次のようになっています。

```
<?xml version="1.0" encoding="utf-8"?>
<packages>
  <package id="chocolatey" version="0.10.8" />
  <package id="chocolatey-core.extension" version="1.3.3" />
  <package id="chocolateygui" version="0.16.0" />
  <package id="DotNet4.5.2" version="4.5.2.20140902" />
  <package id="git" version="2.16.1" />
  <package id="git.install" version="2.16.1" />
  <package id="nodist" version="0.8.8" />
  <package id="visualstudiocode" version="1.18.0" />
</packages>
```

インストールされているアプリケーションの名前とバージョンのリストです。

▶ リストをもとにインストール

このファイルを元にインストール作業を行うことも可能です。たとえば、カレントディレクトリに`package.config`という名前で保存されている場合、次のようにこのファイルのパスを渡せばOKです。

```
$ cinst package.config
```

このファイルを使いまわすことで、チーム内での環境構築の手間が大きく省けます。また、PCの買い替えなどを行なった場合にも有効です。

SECTION-015

Node.jsの概要

gulpを使うには、お使いのコンピュータにNode.js環境をつくる必要があります。まずは、Node.jsについて知りましょう。

Node.jsとは

Node.jsとは、通常ブラウザ上で動作するJavaScriptをサーバー上で動作させるためのJavaScript環境です。

JavaScriptの書き方でサーバーサイドのプログラミングもできるため、普段からJavaScriptに慣れ親しんだフロントエンドエンジニアが扱いやすいという特徴があります。

フロントエンド向けのツールの動作環境としてに頻繁に用いられており、Node.js環境の構築はほぼ必須といえます。gulpも、Node.jsで動作するように開発されたツールの1つです。

Node.js環境を自分のPCに作ることで、Node.jsで書かれたJavaScriptプログラムが動かせるようになります。

- Node.js

  URL https://nodejs.org/ja/

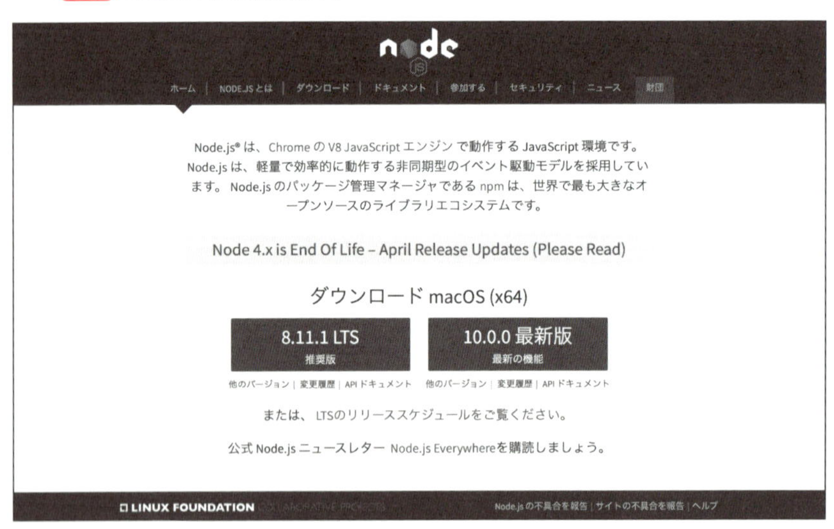

バージョン管理の必要性

Node.jsを使った開発環境を作っていくにあたり、バージョン管理は必須といえます。

▶ Node.jsのバージョンアップ

Node.jsはオープンソースプロジェクトとして日々開発が続けられており、継続的にバージョンが上がっています。

バージョンアップの際に、プログラムの動きが大きく変わることもあります。その影響を受けて、今まで使っていたツールが動かなくなることもあります。

▶ 動作環境のバージョンとアプリケーションの動作

動作環境のバージョンとアプリケーションの動作については、Node.jsに限った話ではありません。あなたが使っているスマートフォンも、OSをアップデートする際に同じことが起こります。

OSを最新のバージョンにアップデートしたら、今まで使えていたアプリが突然不具合を起こすという経験があるのではないでしょうか。

このように、ツールを扱うにあたり、それが動作する環境のバージョンは慎重に扱う必要があります。

▶ バージョンを固定する

環境のバージョンにまつわるアクシデントによって開発がストップしてしまっては逆効果です。

これらのアクシデント回避のため、Node.js環境での開発においては、そのプロジェクトが開始すると開発当時の安定バージョンで固定するという方法がよくとられます。

プロジェクト間のバージョンの切り替え

ここで、問題になるパターンとして、複数の案件を並行して担当している場合があります。

▶ 異なるバージョンで固定されたプロジェクトを並行する場合

たとえば、プロジェクトAとプロジェクトBが異なるバージョンのNode.jsで固定されている場合を考えます。

ここで、片方のプロジェクトに合わせたNode.jsをインストールすると、もう片方のプロジェクトを扱う際にNode.jsの入れ替え作業が発生してしまいます。

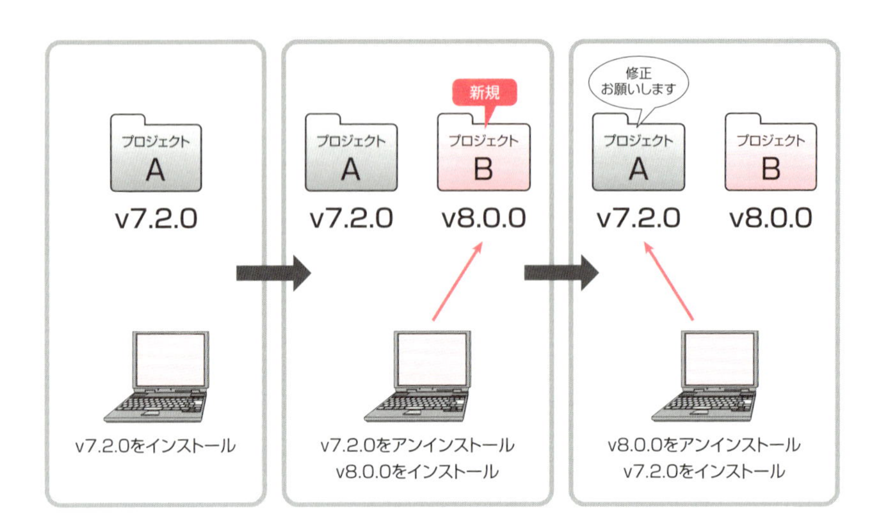

ちょっとした修正にもかかわらず、いちいち環境周りで手間取ってしまうと逆に時間のロスになります。

特に受託の制作会社などは、長期的に運用するプロジェクトを担当しながら、新しいプロジェクトが開始するということ頻繁に起こるのではないでしょうか。

▶ Node.jsのバージョンを瞬時に切り替えたい

これらの切り替えにまつわる問題を解決するには「Node.jsのバージョンを瞬時に切り替える手段」があれば解決できます。もっというと、「扱うプロジェクトごとに自動で切り替わる」ならば切り替えの手間を考える必要は一切ありません。

ここでは、あなたが複数案件をかかえる場合を想定し、「扱うプロジェクトごとに自動で切り替わる」という方法を紹介します。

これには、**anyenv**および**nodenv**というツールを用います。あらかじめプロジェクトに設定ファイルを記述しておくことで、あらかじめインストールしておいた適切なバージョンのNode.js環境に自動的に切り替えられます。

Node.jsの環境構築(Mac)

自分のPCにNode.jsのインストールを行います。前述の通り、バージョン管理を行う前提での環境構築の方法で、「anyenv」「nodenv」というツールを利用します。これは、本書での推奨環境です。

anyenvとは

nodenvはanyenvというソフトウェアのサブセット的な立ち位置にあります。言語のバージョン管理をするプログラムは、次のようなものがあります。

- nodeを管理するnodenv
- Rubyのバージョン管理をするrbenv
- Pythonのバージョン管理をするpyenv
- Javaを管理するjenv

これらはすべて「**env」という名前が付いています

これらはもともとrbenvという、プログラム言語「Ruby」のバージョン管理ツールの派生系として作られたものです。主な動作部分は同じシステムで動いています。色々な言語に対応した各種**envは、一括してanyenvというシステムで管理できます。

本書では、Node.jsの管理をnodenvで行います。また、nodenvはanyenvからインストールします。

anyenv

- rbenv(ruby)
- pyenv(python)
- nodenv(node.js)
- goenv(go)
- jenv(java)

▶ すでにNode.jsがインストールされている場合

すでにお使いのPCにNode.jsが入ってる場合も、anyenvを導入できます。anyenvおよびnodenvは、既存のインストールされたNode.jsと干渉することなく使うことができます(nodenvの切り替え先の1つとして選択できます)。

▶ 本書の環境

本書では、使用する機能やプラグインなどを執筆当時の環境(8.x系)を前提にしています。もし、すでにNode.jsの古いバージョンをお使いの方は、この方法でNode.jsをインストールすることを推奨します。

anyenvのインストール

`git clone`コマンドを使ってファイルをダウンロードしてきます。`git clone`コマンドは次のように記述して使います。

```
$ git clone [ダウンロードしたいリポジトリURL] [自分のPC上に保存するディレクトリ]
```

ダウンロードするファイルは、GitHubで「riywo」氏のリポジトリ「anyenv」です。

- GitHub - riywo/anyenv: all in one for **env
  URL https://github.com/riywo/anyenv

保存先はホームディレクトリ以下に隠しファイルとして保存します。コマンドは次の通りです。

```
$ git clone https://github.com/riywo/anyenv ~/.anyenv
```

PATHを通す

現時点では、anyenvのプログラム自体はインストールしてきたものの、anyenvのようにコマンドを実行しても何も動きません。これは、実際に処理を担当するシェルbashがanyenvコマンドを実行するプログラムの場所を認識できていないためです。そこで、anyenvコマンドを実行するときに、「どこのディレクトリにあるのか」を認識させるための設定をします。このように、「何かコマンドを実行するときに探すべきディレクトリ」を登録することを通称「**PATHを通す**」といいます。

▶ .bash_profile

「`.bash_profile`」という隠しファイルが存在します。このファイルは、シェルへログインする際に読み込まれます。つまり、ここに「anyenvコマンドを実行するプログラムの在りか」を書くと、シェルを起動するとともにシェルがanyenvコマンドの場所を認識します。

そのため、anyenvコマンドを実行するときにそのディレクトリの中を参照してくれるようになり、コマンドが実行できるようになります。

▶ echoコマンドで設定を記述

この「.bash_profile」を直接編集することも可能ですが、ここではコマンドを使います。コマンドの命令内容は「.bash_profileに、anyenvコマンドの在りかを登録するための処理を書いて」ですね。これをコマンドで書くと次のようになります。

```
$ echo 'export PATH="$HOME/.anyenv/bin:$PATH"' >> ~/.bash_profile
```

echoコマンドは、入力を標準出力に出力させるためのコマンドです。通常、echoコマンドをただ使ってもターミナル上に表示されるだけで終わります。

ですが、このコマンドには「>> ~/.bash_profile」という記述があります。**リダイレクト**といいます。これは、出力先を標準出力ではなく「~/.bash_profile」ファイルへ追記する形に変更するものです。

これにより、echoコマンドに続けて書いた記述をファイルへ追記します。

出力の内容、つまり「シェルへログインするときに実行するべき処理」の内容は「export PATH="$HOME/.anyenv/bin:$PATH"」です。このコマンドは「環境変数$PATHに、anyenvコマンドが格納されたディレクトリを登録する」という処理を行います。

この処理をログイン時に行うことで、シェルはanyenvコマンドを実行するプログラムの在りかを認識できます。

さらに、もう1行処理を追加します。これはシェルの環境設定に関する「anyenv init -」を実行するという処理です。こちらも先ほど同様にechoと「>>」を使って追記するコマンドを使い、記述します。

```
$ echo 'eval "$(anyenv init -)"' >> ~/.bash_profile
```

Ⅲ シェルの再起動

ダウンロードと初期設定の記述が終了したので、さっそく「.bash_profile」を読み込みます。シェルの起動時に読み込まれるファイルなので、シェルを再起動しましょう。シェルを起動するためのコマンドは次のようにします。

```
$ exec $SHELL -l
```

もちろん、再起動できればいいので「ターミナルを閉じて、再度ターミナルを起動」でも構いません。上記コマンドの内容は「環境変数$SHELLを、ログインシェルから起動する」というコマンドになります。

$SHELLは、ログインシェルを表します。つまり、ここでは「bashからbashを起動する」という命令になります。すなわち、再起動です。

さて、再起動したときに「.bash_profile」ファイルへ記述した2つの処理が行われます。これにより、anyenvコマンドが使えるようになります。

anyenvコマンドを実行してみましょう。

```
$ anyenv
```

すると、anyenvコマンドが実行されます。最初に表示されるのはanyenvの使い方です。

```
Usage: anyenv <command> [<args>]

Some useful anyenv commands are:
   commands          List all available anyenv commands
   local             Show the local application-specific Any version
   global            Show the global Any version
   install           Install a **env
   uninstall         Uninstall a specific **anv
   version           Show the current Any version and its origin
   versions          List all Any versions available to **env

See `anyenv help <command>' for information on a specific command.
For full documentation, see: https://github.com/riywo/anyenv#readme
```

nodenvについて

Node.jsのバージョン管理にはnodenvというプログラムを使います。

通常、インストーラを使ってインストールする場合、Node.jsはPC内の特定のディレクトリに一式が格納されます。また、Node.jsを複数バージョンインストールすることはできません。なぜなら、標準のインストーラを使用した場合、すでに存在するNode.jsを上書きしてしまうためです。

その状態で、コマンドラインで「js」ファイルが呼び出されると、Node.jsのプログラムとして扱います。その参照先として、Node.jsのインストールされているディレクトリと結び付きます。

nodenvは、バージョンごとにディレクトリをわけてNode.jsのプログラムを保持します。

そして、コマンドによって、「js」ファイルが呼び出されたときに結び付けるNode.jsのバージョンを切り替えることができます。バージョンの切り替えは、単に呼び出すディレクトリを切り替えることで行います。

これにより、複数案件などでNode.jsのバージョンを切り替える必要が出た時でも簡単にバージョンを切り替えられます。

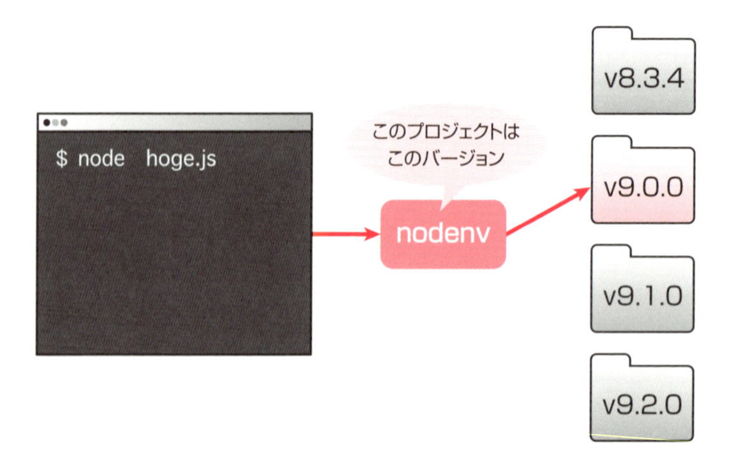

nodenvのインストール

続いて、nodenvをインストールします。nodenvは、anyenvの機能を使ってインストールします。

インストールにはanyenv installコマンドを実行します。先ほどanyenvコマンドを実行して出力された使い方にも「install Install a **env」とありますね。

```
$ anyenv install
```

実行すると、anyenv installコマンドの使い方が表示されます。

```
Usage: anyenv install [-f|--force] <**env>
       anyenv install -l|--list

  -l/--list          List all available **envs
  -f/--force         Install even if the **env appears to be installed already
  -s/--skip-existing Skip if the version appears to be installed already
```

anyenv install -lまたはanyenv install --listのようにすることで、使用可能な**envをリストアップできると書いています。そのとおりにコマンドを実行します。

```
$ anyenv install --list
```

実行すると、インストール可能な**envのリストが出てきます。

```
Available **envs:
  Renv
  crenv
  denv
  erlenv
  exenv
  goenv
  hsenv
  jenv
  luaenv
  ndenv
  nenv
  nodenv
  phpenv
  plenv
  pyenv
  rbenv
  sbtenv
  scalaenv
  swiftenv
```

今回はnodenvをインストールします。nodenvをインストールするには、次のようにコマンドを実行します。

```
$ anyenv install nodenv
```

実行すると、インストール作業が開始します。完了するとメッセージが表示されます。

```
Install nodenv succeeded!
Please reload your profile (exec $SHELL -l) or open a new session.
```

2行目で再起動を促されているので、それに従って再起動しましょう。anyenvのインストールの際にも行った次のコマンドを実行します。ターミナルを開き直さずに再起動する手段としてよく使うコマンドなので、覚えておくと便利です。

```
$ exec $SHELL -l
```

これでnodenvのインストールは完了しています。nodenvコマンドを実行しましょう。

```
$ nodenv
```

実行すると、nodenvの使い方が表示されました。

```
Usage: nodenv <command> [<args>]


Some useful nodenv commands are:
   commands    List all available nodenv commands
   local       Set or show the local application-specific Node version
   global      Set or show the global Node version
   shell       Set or show the shell-specific Node version
   install     Install a Node version using node-build
   uninstall   Uninstall a specific Node version
   rehash      Rehash nodenv shims (run this after installing executables)
   version     Show the current Node version and its origin
   versions    List all Node versions available to nodenv
   which       Display the full path to an executable
   whence      List all Node versions that contain the given executable

See `nodenv help <command>' for information on a specific command.
For full documentation, see: https://github.com/nodenv/nodenv#readme
```

Node.jsのインストール

nodenvのインストールが完了し、バージョンごとにNode.jsを管理する準備ができました。nodenvを使ってNode.jsをインストールしましょう。

まずは、`nodenv install`コマンドを実行してみましょう。先ほど出力したnodenvコマンドの使い方によると、「Install a Node version using node-build」と書かれています。意味は「node-buildを使用してNodeをインストール」です。

```
$ nodenv install
```

実行すると、`nodenv install`コマンドの使い方が出力されます。

```
Usage: nodenv install [-f|-s] [-kpv] <version>
       nodenv install [-f|-s] [-kpv] <definition-file>
       nodenv install -l|--list
       nodenv install --version

  -l/--list          List all available versions
  -f/--force         Install even if the version appears to be installed already
  -s/--skip-existing Skip if the version appears to be installed already

  node-build options:

  -c/--compile       Force compilation even if a matching binary exists
  -k/--keep          Keep source tree in $NODENV_BUILD_ROOT after installation
                     (defaults to $NODENV_ROOT/sources)
  -p/--patch         Apply a patch from stdin before building
  -v/--verbose       Verbose mode: print compilation status to stdout
  --version          Show version of node-build

For detailed information on installing Node versions with
node-build, including a list of environment variables for adjusting
compilation, see: https://github.com/nodenv/node-build#usage
```

`nodenv install -l`または`nodenv install --list`のようにオプションを付けて実行すると、インストール可能なバージョンがリストアップされます。これは表示のみのため、割愛します。

執筆時点の推奨バージョンは8.11.1です。2017年10月31日より継続的にメンテナンスを行っていくことを名言しているバージョンです。

なお、日々、セキュリティアップデートなどが行われているため、ここで扱うバージョンとその時点の推奨バージョンはことなる可能性があります。

Node.jsの公式サイトをご確認の上、推奨バージョンとして表記されているものをインストールしてください。

```
$ nodenv install 8.11.1
```

完了したら、node versionsコマンドを実行しましょう。これは「List all Node versions available to nodenv」、すなわちインストールが完了していてnodenvが使用できるNode.jsのバージョンをリストアップするコマンドです。

```
$ nodenv versions
```

実行すると、次のよう出力されます。

```
* system (set by /Users/nayucolony/.anyenv/envs/nodenv/version)
  8.11.1
```

systemとは、anyenvとは別にNode.jsのインストーラを使ってインストールしたファイルを指します。今までにNode.jsをインストールしたことがない場合は表示されません。nodenvを使ってNode.jsをインストールした時点では、まだデータを保持しているだけに過ぎません。コマンドを実行して、有効化する必要があります。

▶ 希望のバージョンがない場合

もしもインストールしようとした場合に、次のようなエラーが出たとしましょう。

```
node-build: definition not found: 8.11.1

See all available versions with `nodenv install --list'.

If the version you need is missing, try upgrading node-build:

  cd /Users/nayucolony/.anyenv/envs/nodenv/plugins/node-build && git pull && cd -
```

この場合、表示内容に従って次のコマンドを実行しましょう(nayucolonyの部分はあなたのホームディレクトリ名に変更してください)。

```
$ cd /Users/nayucolony/.anyenv/envs/nodenv/plugins/node-build && git pull && cd -
```

これにより最新バージョンを取得し、インストールできるようになります。

グローバルとローカルについて

nodenvを有効化する前に、グローバルとローカルの考え方があることを説明します。グローバルとは、簡単にいえばPC全体の話です。ローカルは、特定のディレクトリに限定した話です。nodenvは、Node.jsのバージョンを設定する際にこのどちらかを選択する必要があります。

グローバルに8.11.1を設定した場合、どのディレクトリにいても8.11.1のNode.jsを使えるようになります。これは、通常インストーラを使って8.11.1をインストールしたときも同様です。

また、ローカルに8.11.1を設定した場合、カレントディレクトリがそのディレクトリ内のときだけ8.11.1のNode.jsを参照します。もし、上位層に移動するなどしてそのディレクトリを抜けた場合、ローカルに設定されたNode.jsは適用されません。

▶グローバルとローカルの優先順位

また、グローバルに設定があった場合もローカルが設定されている場合はローカルが優先されます。たとえば、グローバルに10.0.0、ローカルに8.11.1が設定されている場合、そのディレクトリにおいて有効になるのは8.11.1です。

ローカルでは、「`.node-versions`」という隠しファイルに使用するバージョンを記述することで、nodenvがバージョンを自動で切り替えます。

このファイルをプロジェクトに含んでおくことで、そのプロジェクトにかかわる人全員が同じバージョンのNode.jsを使えるようになります。

この、ローカルとグローバルの考え方については、他のツールを使用する際にもよく出てきます。たとえば、gulpをローカルにインストールするか、グローバルにインストールするかみたいな話です。これについては、本書ではすべてローカルにインストールします。そのプロジェクトのみで使えるということです。

理由は、グローバルにインストールすることを前提としてしまうと、プロジェクトに関わる自分以外の人にもグローバルへのインストールを強いることになってしまうためです。

後述しますが、npmおよびpackage.jsonというシステムにより、ローカルにインストールされたツールはすべて共有されます。

そして、コマンド1つでインストールが可能になります。一方、グローバルにインストールした場合はそのすべがなく、グローバルにインストールすべきツールの共有が別途必要になってきます。

また、他の人の環境を汚染してしまう可能性もあります。

プロジェクトで共通化を前提とするものについてのグローバルインストールは、本書では推奨しません。

Node.jsの有効化

現在、インストーラなどを使用してNode.jsをインストールしたことがない、もしくはグローバルのNode.jsを何らかの事情で固定しているなどの事情がない場合は、この時点でグローバルを設定します。なぜなら、Node.jsとともにインストールされる**npm**コマンドを使ってプロジェクトフォルダを作ると設定の手間が省けて便利だからです。

先ほどバージョン8.11.1のNode.jsをインストールしたので、これをグローバルに設定します。設定が完了すれば、どのディレクトリにいても**npm**コマンドを使うことができます。

グローバルに設定するには**nodenv global**コマンドを使用します。「`Set or show the global Node version`」とあるように、インストールされているNode.jsのバージョンを指定することで、そのNode.jsをグローバルで有効化できます。

8.11.1をグローバルで有効化するには、次のようにコマンドを実行しましょう。

```
$ nodenv global 8.11.1
```

これで、PC全体において**node**コマンドおよび**npm**コマンドが使用できるようになりました。

nodeコマンドおよびnpmコマンドを使用してみましょう。ここでは、バージョンを表示する「-v」オプションを使用します。次のようにコマンドを実行しましょう。

```
$ node -v
```

実行すると、有効になっているNode.jsのバージョンが表示されます。

```
8.11.1
```

COLUMN nodeコマンドを直接、実行してしまったときは

nodeコマンドを直接、実行すると、Node.jsが起動します。

```
$ node
```

起動後の表示は次のようになります。

```
>
```

これはREPL(Read eval print loop:対話的な実行環境)というものです。ここでJavaScriptを実行すると、その結果が表示されます。

Node.jsは入力を待っている状態です。この状態では、今までターミナルでcdやlsとコマンドを実行していたかのようにして、JavaScriptを実行できます。

ですが、本書ではこの状態で直接、JavaScriptを使うことはありません。あらかじめプログラムを記述したファイルをNode.jsに読み込ませることでJavaScriptを実行するという方法をとります。

もし、nodeを入力して見たことのない表示になっても、ただ入力を待っているだけなので慌てなくて大丈夫です。Node.jsから抜けるには、次のコマンドを実行しましょう。

```
.exit
```

ピリオドを忘れずに入力しましょう。こうすることで、Node.jsの入力待ち状態から抜けることができます。

Node.jsの環境構築(Windows)

Windowsではanyenvのファイルシステムを使うのが難しいため、nodistというシステムを使います。

nodistのインストール

nodistはchocolateyからインストールできます。

```
> cinst nodist
```

途中で「Do you want to run the script?」という表示が出て止まる場合があります。これは、nodistのインストーラを実行することへの許可を出す必要があります。「y」を入力してEnterキーを押せばOKです。

この他にも、コマンドライン操作において「y/N」のような表示は頻出します。「y」や「N」などを入力して実行すればOKです。

また、「-y」を付けて実行すると、その質問を省くことができます。

```
> cinst nodist -y
```

▶権限の付与

PowerShellの初期設定ではスクリプトの実行権限がありません。そこで、実行権限を変更します。実行権限の状態を確認するには次のコマンドを実行します。

```
> Get-ExecutionPolicy
```

実行権限がない場合は次のように表示されます。

```
Restricted
```

実行権限をUnrestricted(無制限)としてセットします。

```
> Set-ExecutionPolicy Unrestricted
```

再度、実行権限を確認しましょう。

```
> Get-ExecutionPolicy
```

セットした通りに表示されていればOKです。

```
Unrestricted
```

Node.jsのインストール

nodistを使うと、Node.jsのインストールがシンプルに行えます。執筆時点の推奨版である8.11.1をインストールするには次のようにします。

```
> nodist 8.11.1
```

これだけで、インストールとグローバルへのセットを行えます。

次のコマンドでバージョンを確認しましょう。

```
> node -v
```

次のように表示されます。

```
v8.11.1
```

はじめてのgulp

環境構築が完了しましたので、いよいよgulpを扱っていきましょう。

この章では、まず「npm」を使ったプロジェクト初期設定から始まり、gulpのインストール、起動と終了までを行います。

SECTION-018

npmによるパッケージ管理について

gulpをはじめ、Node.js環境で動作するツールは、npmというシステムで管理されています。まずは、npmについて知りましょう。

npmとは

npmとは、JavaScriptのパッケージマネージャです。gulpやjQuery、React、Vue.jsなどのさまざまなJavaScriptのモジュールをコマンドラインからインストールすることができます。

▶依存という考え方

たとえば、サイト制作にjQueryを使用する場合、そのサイトはjQueryに「依存している」という考え方をします。この「依存」という表現は頻繁に出現します。

たとえば、jQueryやBootstrapのようなパッケージは「サイトそのものを動かすのに必要」であり、gulpは「サイトの開発をするにあたり必要」です。

これらは、依存は依存でも種類が異なります。これらを区別して扱うために、"depandencies"と"devDependencies"のような分類ができます。

ウェブ開発においてはあまりこれらを区別しても変わりはないのですが、プロジェクトの見通しをよくするという点でもインストールの際にどちらに属するか考えてインストールすることをお勧めします。

▶パッケージ管理のメリット

パッケージ管理のメリットとしては、必要なパッケージごとにウェブページを訪れ、ダウンロードし、ファイルをプロジェクトフォルダに移すような作業をする必要がなくなることにあります。また、パッケージはさらに別のパッケージに依存しているということも多くありますが、これらついても、パッケージのdependenciesをたどってすべてインストールしてくれます。

- npm

URL https://www.npmjs.com/

ディレクトリの作成

本書ではホームディレクトリ上でファイルの管理を行っていきます。ホームディレクトリはターミナルのデフォルトのカレントディレクトリなので、ここを起点にするとディレクトリの移動がシンプルになります。

ホームディレクトリに移動しましょう。カレントディレクトリの表示が「~」になっていない場合は次のコマンドを実行しましょう（macOSのターミナルの場合はcdのみでもホームディレクトリに移動できます）。

```
$ cd ~
```

ホームディレクトリに移動したら、プロジェクト用のフォルダを作ります。mkdirコマンドを実行しましょう。もちろん、エディタやFinderなどのファイラで作ってもOKです。

ここではgulp-tutorialという名前でディレクトリを作成します。

```
$ mkdir gulp-tutorial
```

ディレクトリを作成したら、そのディレクトリに移動します。cdコマンドを実行しましょう。

```
$ cd gulp-tutorial
```

package.jsonの概要と作成

いよいよ、npmコマンドを使って、Node.jsを使った開発をはじめていきます。

まずは、package.jsonというファイルを作成します。npmコマンドを使うと規定のフォーマットに従って自動で作成してくれるので、コマンドを使うことをおすすめします。

package.jsonとは

package.jsonとは、プロジェクトの情報を記載するためのファイルです。もともとは、Node.jsで動くツールやライブラリを「npm」というパッケージを集めたサイトに公開する際に記述するものです。

package.jsonの情報

package.jsonには、たとえば、次のような情報を記述します。

- プロジェクト名
- 管理者の情報
- 使用しているパッケージ名やバージョンの情報
- 検索ワード
- ライセンス形態

また、「npm scripts」という、コマンドのショートカットを記述することもできます。

これは、複雑なオプションやコマンドの組み合わせなどを「build」のように名前を付けておくことができます。こうすることで、長いコマンドをいちいち入力しなくても、短いコマンドだけで済み、プロジェクトの運用をスムーズにすることができます。

package.jsonの情報は必須?

ウェブサイト制作においては、npm上にパッケージとして公開するわけではないため、これらのほとんどは不要です。必要な情報としては、どのパッケージを使用しているかという情報と、npm scriptsくらいで十分です。他の部分は使用しないため消してしまっても構いません。

実際に、Googleの提供している「web-starter-kit」では必要情報以外は削除されています。

ただし、動作に問題がないものの警告は表示されるので、気になる場合は記述しておく方がよいでしょう。

package.jsonの作成

package.jsonを作成するためのコマンドはnpm initです。このコマンドでは、プロジェクトに関する情報をpackage.jsonに記載するための質問を対話的に行っていきます。

ただし、前述の通り必要になる情報はこの時点では発生しないので、「-y」オプションを付けて質問をすべてデフォルトの回答で済ませます。「-y」はyesの略で、すべての質問をyesで答えるものです。

```
$ npm init -y
```

コマンドを実行すると、次のような出力とともに、package.jsonファイルが生成されます。

```
Wrote to /Users/nayucolony/tutorial/package.json:

{
  "name": "sample",
  "version": "1.0.0",
  "description": "",
  "main": "index.js",
  "scripts": {
    "test": "echo \"Error: no test specified\" && exit 1"
  },
  "keywords": [],
  "author": "",
  "license": "ISC"
}
```

3行目以降の内容がpackage.jsonファイルに記述されています。

▶ ディレクトリ構成

package.jsonファイルはカレントディレクトリ内に作られています。

```
.
└── package.json
```

▶ エディタでディレクトリを開く

前章でVisual Studio Codeをインストールしている場合、codeコマンドを使用してプロジェクトのフォルダを開くとスムーズに作業が開始できます。

```
$ code .
```

ピリオドはカレントディレクトリを指します。今いるディレクトリすなわちプロジェクトのディレクトリを開くことになります。

▶ package.jsonの編集

package.jsonファイルの内容を見るとnameやversionのような記述があります。これらはサイト制作においては特に使用されません。残すのはこれだけでOKです。

SAMPLE CODE package.json

```
{}
```

ただし、この状態だとインストール時などに警告表示が出ます。

```
npm WARN gulp-tutorial No description
npm WARN gulp-tutorial No repository field.
npm WARN gulp-tutorial No license field.
```

都度、表示されるのが気になる場合、警告されている3項目だけを記述しましょう。たとえば、次のようにします。

SAMPLE CODE package.json

```
{
  "description": "はじめてのgulp",
  "repository": "https://github.com/nayucolony/gulp-tutorial.git",
  "license": "MIT"
}
```

descriptionには説明、repositoryにはGitHubなどのURL、licenseにはライセンス情報を記述します。特にライセンスについては、オープンソースにする場合の扱われ方に関わります。ただし、個人利用の範囲では気にする必要はありません。

項目は、今後、コマンド操作をしていくと自動で書き込まれていきます。

JSONの基礎知識

package.jsonファイルはJSONというデータフォーマットで記述します。

JSONとは、JavaScript Object Notationの略です。JavaScriptの「オブジェクト」という記述方式にほぼ近いものですが、JavaScript以外でも汎用的に使用されています。名前と値のセットで記述でき、入れ子の構造で記述することもできます。

まず、全体を波括弧で囲みます。何も記述されてない場合は次の通りです。

```
{}
```

値を記述すると次のようになります。名前と値のセットで記述します。

```
{"name":"value"}
```

複数、記述することもできます。その場合、名前と値のペアごとにカンマで区切ります。1行あたりの情報が増えてくるので改行しましょう。また、最後のペアの後ろにカンマは付けません。

```
{
  "name": "value",
  "name": "value",
  "name": "value"
}
```

入れ子にすることもできます。入れ子にする場合は次のようにします。下層のペアは、インデントを入れてわかりやすいようにしましょう。

```
{
  "name": "value",
  "name": "value",
  "layer2": {
    "name": "value"
    "name": "value"
    "name": "value"
  }
}
```

SECTION-020

gulpのインストール

package.jsonファイルが準備できたら、gulpのインストールを行います。

- gulp.js

URL https://gulpjs.com/

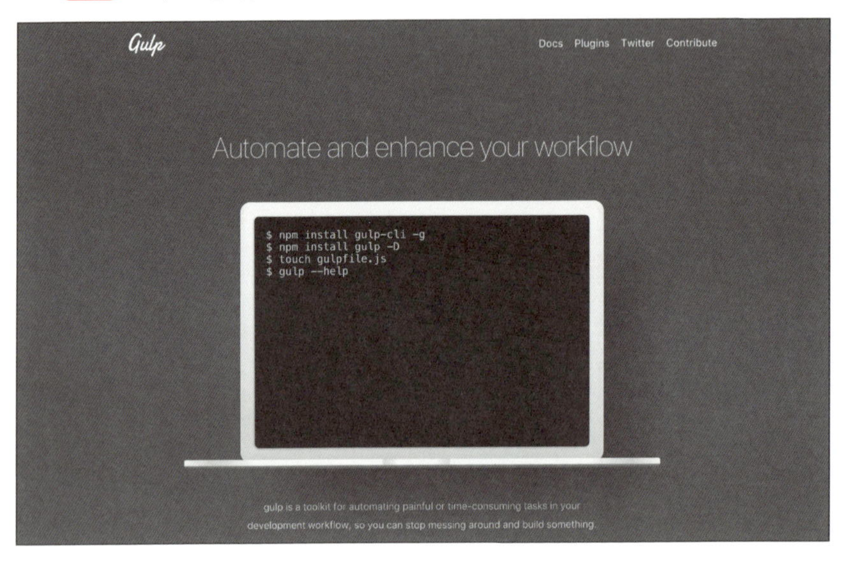

インストール時のカテゴリ分けについて

npmからインストールするツールは、随時、package.jsonに書き込まれていきます。

インストール時の操作でカテゴリ分けができます。それがdependenciesとdevDependenciesです。

▶ dependenciesとdevDependencies

dependenciesは「サイトの動作に関わるツール」で、devDependenciesは「サイトそのものの動作には関わらないが、開発時に必要になるツール」です。

gulpやSassはHTMLやCSSを生成はすれど、直接、ウェブページに読み込まれているわけではありません。よって、これらはdevDependenciesです。

▶ devDependenciesとしてインストールするには

devDependenciesとしてモジュールをインストールするには、「--save-dev」もしくは「-D」オプションを付けましょう。どちらも動きにまったく変わりはないので、単純にかける本書では「-D」として記述していきます。

モジュールのインストールの基本

npmコマンドを使ってモジュールをインストールするときはnpm installコマンドを使用します。npm installコマンドを使ったインストールにはいくつかの方法がありますが、主には2種類です。

- npmに登録されているパッケージをインストール
- GitHubのリポジトリから直接、インストール

npm installコマンドに続けて、目的のパッケージ名を入力して実行しましょう。パッケージ名が何であるかは、実際に「npm」のウェブページやGitHubリポジトリを見ればわかります。

次の画像はnpmのウェブサイトのgulpのページです。

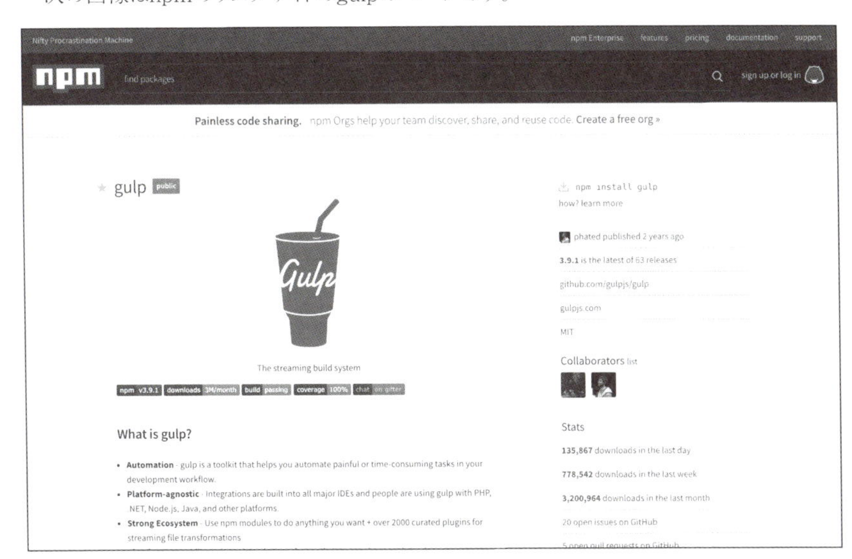

このサイトで見ると、左カラムの一番最初にある「gulp」の部分がパッケージ名です。また、右カラムの一番上にはnpm install gulpのように書かれているので、これをコピー&ペーストして実行するだけでもOKです。

gulpのインストール

gulpをdevDependenciesとしてインストールするには、次のコマンドを実行しましょう。

```
$ npm install gulp -D
```

▶ gulpのバージョン確認

インストールしたgulpのバージョンを確認しましょう。バージョンを確認するには、npxコマンドに「-v」オプションを付けて実行します（npxコマンドについては後述します）。

```
$ npx gulp -v
```

実行すると次のように表示されます。

```
[02:44:57] CLI version 3.9.1
[02:44:57] Local version 3.9.1
```

gulp4.0のインストール

執筆時点では、npm install gulpを実行してインストールされるgulpのバージョンは3.9.1です。

ですが、gulpは開発中のバージョン4.0が存在していて、すでに実用できる段階にあります。4.0.0からは3.x.x系に比べると大きな変更点が多いため、3系の仕様を覚えても一部、使えなくなるものがあります。

本書では、4.0を前提とした解説を行うので、ここで4.0をインストールします。

▶ npm installコマンドの短縮系

また、npm installコマンドはnpm iコマンドに短縮することができます。以降、npm iとして表記します。

▶ バージョンを指定したインストール

gulpの4.0を指定してインストールします。なお、もしこの時点ですでに4系をインストールできている場合はこの作業は不要です。4.0のインストールは次のように指定すればOKです。この操作は3.x.xのgulpが入った状態で実行してもかまいません。

```
$ npm i -D gulp@next
```

インストールが完了したら、バージョンを確認しましょう。

```
$ npx gulp -v
```

実行すると、次のように表示されます。

```
[16:58:32] CLI version 2.0.1
[16:58:32] Local version 4.0.0
```

CLI versionがLocal versionと一致していませんが、不具合ではありません。これで、gulp4.0がインストールできました。

gulpの起動

gulpはJavaScriptで書かれており、Node.jsで動作します。前章ですでにNode.js環境は整っているため、gulpのプログラムファイルまでのパスを入力して実行すれば、自動でNode.jsで動作します。

gulpのインストール先

Node.jsでgulpを動かすために、gulpのプログラムファイルの場所を知る必要があります。インストールが完了したgulpはどこにあるのでしょうか。

実は、インストールコマンドを使用した際に、プロジェクト内に新しく`node_modules`ディレクトリが作られています。現状のディレクトリ構成は次のようになっています。

```
.
├── node_modules
│   ├── 中略
│   └── gulp
├── package-lock.json
└── package.json
```

gulpしかインストールしていないのに色々なモジュールがインストールされています。これらは「gulpで使われているモジュール」です。gulpも、npmに公開されているさまざまなモジュールの機能を借りて作られているのです。

gulpのコアプログラム

gulp本体のプログラムファイルは、`gulp`ディレクトリ内の`bin`ディレクトリ内の`gulp.js`ファイルです。

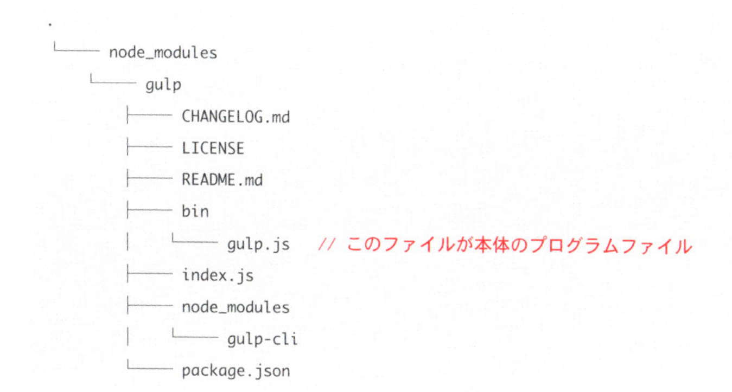

```
.
└── node_modules
    └── gulp
        ├── CHANGELOG.md
        ├── LICENSE
        ├── README.md
        ├── bin
        │   └── gulp.js   // このファイルが本体のプログラムファイル
        ├── index.js
        ├── node_modules
        │   └── gulp-cli
        └── package.json
```

つまり、次のようにすればgulpを実行できます。

```
$ ./node_modules/gulp/bin/gulp.js
```

しかし、いちいちこのように記述するのは手間がかかります。そこで、Node.jsの標準搭載モジュールであるnpxを使います。

npxとは

npxは、いちいちパスを指定する手間を省けるツールです。使用したいパッケージ名を指定すれば、自動でnode_modulesディレクトリの中の実行すべきプログラムをNode.jsに渡して実行することができます。いちいち「node_modules/gulp...」とパスを深く書いていかなくても済みます。

▶npxの実行

npxもコマンドラインから操作します。コマンドはnpxです。これに、使用したいパッケージを渡せばOKです。たとえば、先ほどのようにgulpを実行したい場合は次のようにして実行しましょう。

```
$ npx gulp
```

以前と比べるとかなりすっきりかけました。

▶npxの手動インストール(Windows)

Windowsでnodistを使ってNode.jsをインストールした場合、npxコマンドが自動的にインストールされません。そのため、ここでは手動でインストール方法を紹介します。

npmに公開されていますので、gulp同様にnpmコマンドを使ってインストールできます。「-g」を付けてグローバルにインストールしましょう。

```
> npm i -g npx
```

gulpの起動プロセス

では改めて、gulpを起動してみましょう。

```
$ npx gulp
```

実行すると、次のような表示が出ます。

```
[22:17:10] No gulpfile found
```

これは、gulpは動作を試みたものの、「gulpfile」を見つけられなかったという表示です。

▶ gulpfile.jsの作成

gulpは、`gulpfile.js`というファイルに記述されたプログラムをもとに作業の自動化を行います。今回は、それが見つけられないために警告を表示されている状態です。

では、現在のディレクトリの直下に`gulpfile.js`を作成しましょう。なお、この時点では、gulpfile.jsに何も記述されていなくて構いません。

現時点でのディレクトリ構成は次の通りです。

```
.
├── node_modules/
├── gulpfile.js
├── package-lock.json
└── package.json
```

この状態で、再度、gulpを起動します。

```
$ npx gulp
```

gulpを起動すると、出力内容が変化しています。

```
[22:20:58] Using gulpfile ~/gulp-tutorial/gulpfile.js
[22:20:58] Task never defined: default
[22:20:58] To list available tasks, try running: gulp --tasks
```

`gulpfile.js`ファイルを認識しているものの、`default`タスクが定義されていないよ、という内容です。`default`タスクについては後述します。

gulpでは、一連の処理を「タスク」という単位で定義し、それらを呼び出して処理を行います。現在はタスクがまだありません。まずはタスクを定義しましょう。

タスクの定義

gulpに処理させるタスクを定義するには、gulp.taskメソッドを使用します。

オブジェクトの読み込み

npmからインストールしたgulpモジュールは、gulpで使う関数をひとまとめにしたオブジェクトを提供します。

たとえば、「ファイルの読み込み」や「ファイルの書き出し」などを行うための関数がそのオブジェクトに搭載されています。

それらを実際に使用するには、インストールしたgulpをgulpfile.jsファイルに読み込む必要があります。読み込むには、gulpfile.jsファイルに次のように記述します。

SAMPLE CODE gulpfile.js

```
const gulp = require('gulp')
```


▶require関数

この「require('gulp')」という記述。requireの意味は「要求する」です。こう書くことで、node_modulesディレクトリ以下のgulpディレクトリから、gulpでの処理プログラムを書くのに使うオブジェクトをロードできます。

また、これらをgulpという名前で、gulpfile.jsファイル内で使用できるようになります。

constとは定数を意味します。読み込んだgulpオブジェクトを「gulp」という名前で使うという宣言です。

requireは、今後、何かモジュールをインストールしてgulpと組み合わせて使う場合に頻出する関数です。

タスクの登録

では、さっそくタスクを登録しましょう。タスクの登録には「オブジェクト」と「メソッド」という考え方が必要なので、ここで学びます。

オブジェクトとメソッドについて

オブジェクトとメソッドの基礎知識を説明します。

▶ オブジェクト

オブジェクトは、「名前」と「値」のセットで登録されたデータの集まりです。それらの値には「状態」や「振る舞い」が定義されます。

▶ オブジェクトの例

オブジェクトは、現実世界のものと照らし合わせるとわかりやすくなります。たとえば、「ポメラニアン」をオブジェクトとして考えます。そのとき、次のような「名前」と「値」のセットが考えられます。

```
名前:ポチ
年齢:2
性別:オス
歩く:4足で歩く
鳴く:ワンと鳴く
```

これらのうち、「年齢」「名前」「性別」は状態、「歩く」「鳴く」は振る舞いといえます。

▶ gulpオブジェクト

gulpモジュールもオブジェクトとして同じようにして表すと、次のようになります。これらは一部の抜粋で、実際にはもっと多くの振る舞いが登録されています。

```
task: 指定された「名前」と「処理内容」をもとに、タスクを登録する
dest: 指定された「書き出し場所」をもとに、ファイルに書き出す
src: 指定された「ファイルの場所」をもとに、ファイルを読み込む
series: 指定された「タスク名」をもとに、タスクを順番に実行する
parallel: 指定された「タスク名」をもとに、タスクを同時に実行する
watch: 指定された「ファイルの場所」をもとに、ファイルを監視する
```

これらの振る舞いは、すべて**関数**です。

▶ 関数とメソッドについて

関数とは、「何かの入力を元に、あらかじめ決まった処理を行う仕組み」です。

また、オブジェクトにおいて、値が「振る舞い」すなわち「関数」であるものを「メソッド」と呼びます。

たとえば、taskは「名前と処理内容をもとに、タスクを登録するという」処理を行うメソッドです。

▶ メソッドの使い方

実際にJavaScriptにおいてメソッドを書いてみましょう。

gulpオブジェクトのtaskメソッドを使うには次のように記述します。

```
gulp.task(タスク名, 処理内容)
```

「オブジェクト名.メソッド名」のようにします。

オブジェクト名のgulpは、「const gulp = require('gulp')」で定義したオブジェクト名です。たとえば、ここで「const plug = require('gulp')」のようにした場合は「plug.task("タスク名", "処理内容")」のようにします。

使用する際にわからなくなってしまっては意味がないので、使用したいパッケージの名前をそのまま使うことをおすすめします(パッケージの説明書きも基本的にはそうされていることがほとんどです)。

Ⅲ gulp.taskメソッド

では、実際にgulp.taskメソッドを使ってタスクを登録しましょう。

gulp.taskメソッドは次のように書きます。

```
gulp.task('タスク名', 関数)
```

2つの引数を必要とします。1つ目は「タスク名」これは、コマンドラインやgulpの関数内でタスクを呼び出すときに使う名前です。2つ目は「関数」これは、タスクが呼び出されたときに何をするのかということを書きます。

▶ defaultタスクを登録

先ほど、空っぽのgulpfile.jsファイルを準備した状態でgulpを起動しました。その際、「Task never defined: default」というメッセージが出力ました。

gulpを起動する際は、まずdefaultという名前で登録されたタスクが必要であるたるためです。

まずは、defaultという名前でタスクを登録しましょう。関数はひとまずは空っぽでOKです。

SAMPLE CODE gulpfile.js

```
gulp.task('default', ()=>{})
```

▶ アロー関数

ここでは、「()=>{}」と空っぽの関数を記述しました。

この書き方は、アロー関数といって関数の記法の1つです。アロー関数は次のように記述します。

```
(引数1,引数2,...) => { 処理 }
```

たとえば、引き算をする関数をアロー関数で記述してみます。次のように記述します。

```
const subtraction = (x, y) => {
  return x - y
}
```

こうすることで、subtractionという関数が定義されました。引かれる数・引く数がそれぞれx、yとして表されています。

次は、定義した関数を使って見ましょう。たとえば、この関数で「5 - 2」をするには次のようにします。

```
const subtraction = (x, y) => {
  return x - y
}

subtraction(5, 2) // 3
```

すでに関数側で「1つ目に与えられた数値が引かれる数、2つ目に与えられた数値が引く数」という風に文字仮置きされているので、この順番で数値を与えることで引き算を行い、結果を出力します。

また、引数を必要としない関数もあり得ます。たとえば、次のような形です。

```
const showLog = () => { console.log("Hello Arrow") }

showLog()
```

この関数は、引数がなくても「Hello Arrow」という文字列をコンソール上に表示します。

注意すべきことは、定義した関数を呼び出す際、渡す引数がない場合も**「()」(カッコ)を省略することはできない**ということです。

gulpの実行

今回は引数も処理も書いていない空の関数を定義しました。つまり、呼び出されても何も行わないタスクを登録したことになります。その状態で、gulpを実行しましょう。

```
$ npx gulp
```

実行すると、次のように出力されます。また表示が少し変わっています。

```
[00:40:34] Using gulpfile ~/gulp-tutorial/gulpfile.js
[00:40:34] Starting 'default'...
[00:40:34] The following tasks did not complete: default
[00:40:34] Did you forget to signal async completion?
```

2行目をみると「default」タスクを実行していることがわかります。

しかし、3行目と4行目で警告が出力されます。内容は「defaultタスクが完了していません」というものです。

また、4行目は補足事項として「非同期処理の完了通知を忘れていませんか?」と表示されています。

同期処理と非同期処理

ここで、非同期処理という言葉が出てきましたので補足します。JavaScriptには同期処理と非同期処理という考え方があります。

▶ 非同期処理

たとえば、何らかの処理を行うにあたり、ウェブサーバーと通信してデータを取得する処理があったとしましょう。こちらからデータを取得するためのリクエストを出すと、サーバーが処理してデータを返してくれます。そのデータが帰ってくるまでの間、ローカル側は処理を完全に止めてしまっては効率がよくありません。

そこで、その間に他の処理を開始することを「非同期処理」といいます。

また、非同期処理が完了した際に実行する関数を「コールバック関数」といいます。コールバック関数は、非同期処理の完了、先ほどの例でいうとサーバーからデータを受信完了したことを確認してから実行されます。

そのため、順番が大切な処理で非同期処理が絡んでくる場合、よく考えて処理を書く必要があります。しかし、処理の手をとめずに次々と行うため、総合的な体感速度が上がります。

▶ 同期処理

一方で同期処理では、そのような処理は行われません。1つひとつ上から順に処理されていきます。こちらはそれぞれの処理が並行することがないため、実行したい順番に記述するだけで大丈夫です。

▶ gulpは非同期処理

gulpの処理は非同期処理が基本となっています。タスクを完了するには所定の方法で完了を通知する必要があります。大きく分けて次の2つあります。

- 自動で引数に渡される完了通知用の関数を呼び出す
- ストリームを返す

他にもありますが、本書では扱いません。それぞれ後述しますが、この時点では「完了を通知する必要がある」ことを覚えておきましょう。

タスクの完了

警告に従い、タスクの終了を通知しましょう。

コールバック関数による終了

コールバック関数とは、引数として渡される関数です。

gulp.taskメソッドの第2引数は、タスクで実行する関数です。その関数は、コールバック関数を引数として受け付けます。

コールバック関数は、タスクの終了を通知するという動きをします。すなわち、コールバック関数を引数として受け付け、その関数を実行すれば、タスクが完了できるということです。

引数として受け付ける

実際に、実行する関数で引数として受け付け、実行するようにしてみましょう。中の関数を次のように書き換えます。

```
(done) => { done() }
```

まず、最初のカッコでコールバック関数を引数として受け付けます。名前は任意です。ここでは、終了を通知する関数ということで、doneという名前にしています。

実際の処理では、渡されたdone関数を実行しています。done関数自体は引数なしで実行できる関数ですが、カッコは省略できないので注意しましょう。

タスクに反映する

gulp.taskメソッドの処理部分を反映させると次のようになります。

SAMPLE CODE gulpfile.js

```
gulp.task('default', (done)=>{ done() })
```

書き換えたら、再度、gulpを実行しましょう。

```
$ npx gulp
```

実行すると、次のように表示されます。

```
[01:31:19] Using gulpfile ~/gulp-tutorial/gulpfile.js
[01:31:19] Starting 'default'...
[01:31:19] Finished 'default' after 1.61 ms
```

3行目にFinishedと出力されています。これで、処理を完了できました。

これが、タスクの定義の基本です。

まとめ

ポイントをまとめると、次のようになります。

- gulp.taskメソッドに「名前」と「処理」を渡して登録する
- 名前は、最初の1つは「default」にする
- 自動で渡される関数を呼び出して、完了を通知する

定義の仕方がわかったところで、次章からはいよいよ実践的なタスクを書いていきます。

実践gulp

いよいよ、実践的なgulpの使い方に入ります。
Sass、EJS、画像圧縮など、フロントエンド開発で使用すると便利なツールをgulpで使えるようにしていきましょう。
基本的な流れを押さえてしまえば、怖いものはありません。応用もしやすく、JavaScriptの知識もつくので、一歩ずつチャレンジしていきましょう。

gulpによる処理の流れ

ここではgulpによるSassのコンパイルを通して、gulpのデータがどのように変化していくのかを確認します。

ディレクトリ構成

ディレクトリ構成は次の通りです。

```
.
├── gulpfile.js
├── package-lock.json
├── package.json
└── src
    └── sass
        └── common.scss
```

scssファイルを読み込む

さっそくタスクを組くんでいきます。まずはコンパイルするscssファイルを読み込みましょう。gulpで処理するためにファイルを読み込むには、`gulp.src`メソッドを使います。使い方は次の通りです。

```
gulp.src(読み込みたいファイルのパス)
```

たとえば、`src`ディレクトリ以下の`common.scss`ファイルを対象に読み込むとしたら次のようになります。

```
gulp.src('./src/common.scss')
```

単一のファイルを指定する場合は、これでOKです。

ただし、ディレクトリ以下のすべてのファイルを対象としたい場合など、複数のファイルのパスを記述するのは手間がかかります。そういった場合は、読み込みたいファイルのパスを**glob**という記述方法で指定します。globは、**ワイルドカード**とも呼ばれます。トランプでいうジョーカーのように、どの文字の代わりにもなるものです。

▶ ファイル名をglobで表現する

たとえば、srcディレクトリ以下のすべてのscssファイルを対象にする場合は、次のように記述します。

```
gulp.src('./src/*.scss')
```

このように、globを使うときは「*」で表現します。ここにはあらゆる文字列が入りうるという意味になります。また、拡張子の指定が必須というわけではありません。すべてのファイルならば「./src/*」という表示でもOKです。

▶ ディレクトリをglobで表現する

また、このパターンだと対象となるのはsrcディレクトリの直下だけです。もう1つ下の階層のディレクトリにある「*.scss」を対象にしたい場合は次のように記述します。

```
gulp.src('./src/*/*.scss')
```

これで、srcディレクトリの直下にさらに階層構造がある場合も、それらのファイルを対象とすることができます。また、あらゆる文字列の代わりだけでなく、文字列が存在しない場合も対象になります。つまり、直下の「.scss」ファイルも対象になります。

▶ 再帰処理でディレクトリをglobで表現する

先ほどの記述方法では、srcディレクトリ直下とその1つ下のディレクトリまでしか対象になりません。さらに下の階層も対象にするには、次のようにします。

```
gulp.src('./src/**/*.scss')
```

違いは、ワイルドカードの数が「**」と2つになっている点にあります。こうすることで、srcディレクトリ以下の全階層のディレクトリを対象とすることができます。次のような仕組みで処理を繰り返します。

- まず、「src」ディレクトリ直下のファイルに対して読み込み処理を行う。
- その際にディレクトリがあったなら、そのディレクトリ直下のファイルに対して読み込み処理を行う。
- その際にディレクトリがあったなら、そのディレクトリ直下のファイルに対して読み込み処理を行う。
- その際にディレクトリがあったなら……

このような処理を**再帰的な処理**といいます。ファイル処理などで「**再帰的に**」という表現はよく出てくるので覚えておきましょう。英語では「recursive」です。

globはここだけではなく、色々なところで使用します。gulpに限らず、あらゆるソフトウェアで用いる考え方ですので、この機会に身に付けておきましょう。

タスクへの組み込み

ここでは、ディレクトリ構成に従って、srcディレクトリ以下のcommon.scssをコンパイル対象にします。定義したタスクに組み込むには次のようにします。なお、ここではコンパイルするファイルはcommon.scssだけなので、globではなくファイル名を直接、指定します。

SAMPLE CODE gulpfile.js

```
const gulp = require('gulp')

gulp.task('sass', () => {
  gulp.src('./src/sass/common.scss')
})
```

▶ 読み込んだファイルはどうなっているの?

gulpを使う上で、扱うデータの流れの確認を知ることはタスクを書く上で重要です。直接、Sassのコンパイルとは関係ありませんが、確認しておきましょう。

確認のため、gulp.srcメソッド全体をconsole.logメソッドで囲います。

SAMPLE CODE gulpfile.js

```
const gulp = require('gulp')

gulp.task('sass', () => {
  console.log(gulp.src('./src/sass/common.scss'))
})
```


これで、実行時にコマンドライン上に「gulp.src('./src/sass/common.scss')」で読み込んだデータが出力されます。

記述したら、タスクを実行します。先述のように、defaultという名前の場合はnpx gulpコマンドだけで起動できました。default以外の場合はタスク名を添えて実行します。今回はsassがタスク名なので次のようにしましょう。

```
$ npx gulp sass
```

タスクを実行すると、次のように表示されます。

```
[01:11:42] Using gulpfile ~/gulp-tutorial/gulpfile.js
[01:11:42] Starting 'sass'...
DestroyableTransform {
(中略)
  _transform: [Function] }
[01:11:42] The following tasks did not complete: sass
[01:11:42] Did you forget to signal async completion?
```

非常に大量の情報が表示されるため省略しますが、これが読み込んだ「.scss」ファイルの状態です。

▶ストリームとは

gulpに読み込まれたscssファイルは「Node.jsで処理するためのデータ形式に変換されている」状態にあります。このデータ形式を**ストリーム**といいます。ストリームは英語でstream、意味は「小川」「流れ」です。

つまり、`gulp.src`メソッドは次のプロセスを踏むメソッドと言い換えられます。

- ファイルのパスを受け取る
- そのファイルを読み込む
- 読み込んだファイルをストリームに変換する

gulpでは、ストリームのやり取りを行うことでデータを処理します。

Ⅲ コンパイル

ファイルの読み込みを行い、gulp上で取り回す準備はできました。続いて、コンパイルしてCSSに変換しましょう。scssファイルをコンパイルするには、**gulp-sass**というプラグインを使います。

- gulp-sass - npm
  URL https://www.npmjs.com/package/gulp-sass

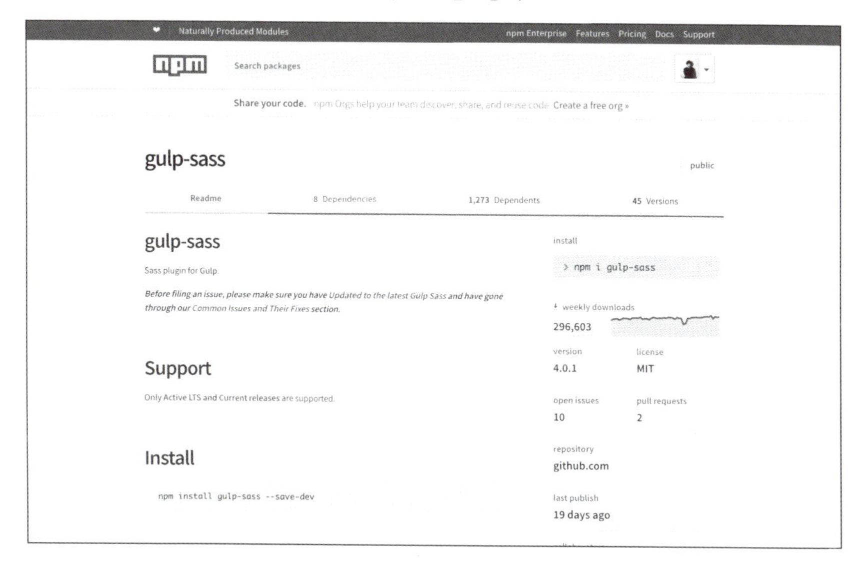

▶gulp-sassのインストール

gulp-sassをインストールしましょう。開発のために使うツールなので「-D」を付けてインストールします。

```
$ npm i gulp-sass -D
```

▶ 読み込み

インストールが完了したら、gulp-sassをgulpfile.jsの中で使えるように読み込みます。

```
const sass = require('gulp-sass')
```

gulp-sassモジュールの中身は、オブジェクトを返す関数です。今回はsassと命名しました。

関数なので、呼び出すときはsass()のようにして使います。引数は、Sassのコンパイルに関する設定を受け付けます。これは後述します。

▶ pipeメソッド

gulpfile.jsに読み込む記述を行い、gulp-sassを使う準備ができました。続いて、タスクに組み込んでいきましょう。

sass関数とストリームを組み合わせて処理するには、pipeメソッドと組み合わせます。

pipeメソッドは、その名の通り「パイプ」「管」のような役割です。「流れ」を意味するストリームを受け渡す管のような役割をします。

pipeメソッドは、引数に関数をとり、その関数にストリームを渡す役割をします。

実際に書くと、次のようになります（先ほどのconsole.logで囲った記述は削除しましょう）。

SAMPLE CODE gulpfile.js

```
const gulp = require('gulp')
const sass = require('gulp-sass')

gulp.task('sass', () => {
  gulp.src('./src/sass/common.scss')
    .pipe(sass())
})
```

これは「src('./src/sass/common.scss').pipe(sass())」を読みやすさの確保のために改行したものです。メソッドを連続して書く場合、このようにメソッドごとに改行とインデントを入れる記法が取られることがあります。

pipeメソッドに渡した関数には、gulp.srcメソッドで作られたストリームが渡されます。まさに、パイプを通って流れ込むイメージです。流れ込んだストリームは、ここではsass()関数に渡され、コンパイルされます。

また、この時点ではまだファイルとして再度、書き出されてはいません。「Sassの情報を持つストリーム」から「CSSの情報をもつストリーム」に変化した状態と考えましょう。

書き出し

ここまでで、読み込み・コンパイルが完了し、「CSSの情報を持つストリーム」までできました。次は、このストリームをもとにファイルに書き出す処理を行います。

▶ gulp.destメソッド

ファイルへの書き出しはgulpオブジェクトのdestメソッドを使います。書き方は次のようにします。

```
gulp.dest(書き出し先のパス)
```

destはdestinationの略で、意味は「目的地」「宛先」です。これに書き出し先のパスを指定することで、ストリームがファイルとして書き出されます。

タスクに組み込むと次のようになります。ストリームをgulp.destメソッドに渡す際は、先ほど同様にpipeメソッドを使います。書き出し先は、プロジェクトディレクトリ直下のdistディレクトリとします。ディレクトリは、書き出しの際に自動で作成されます。

SAMPLE CODE gulpfile.js

```
const gulp = require('gulp')
const sass = require('gulp-sass')

gulp.task('sass', () => {
  gulp.src('./src/sass/common.scss')
    .pipe(sass())
    .pipe(gulp.dest('./dist'))
}
```

書き出し先のパスのdistは次の単語の略として慣習的に用いれるディレクトリ名です。

- 「特定の区域」を意味する「district」
- 「配布」という意味の「distribution」

ここを書き出し先として指定します。

タスクの起動

読み込みから書き出しまでの処理ができたので、タスクを実行しましょう。

```
$ npx gulp sass
```

実行すると次のように表示されます。

```
[02:30:40] Using gulpfile ~/gulp-tutorial/gulpfile.js
[02:30:40] Starting 'sass'...
[02:30:40] The following tasks did not complete: sass
[02:30:40] Did you forget to signal async completion?
```

前章と同じように、非同期処理の完了が確認できていないという警告が出ます。前章ではコールバック関数を呼び出しましたが、ここでは別の方法を使います。

ストリームを返す

タスクの完了は、コールバック関数を呼び出すだけではなく、ストリームを返すという方法でもできます。前章では、ストリームを作る処理がなかったためこの方法はとれませんでした。今回はgulp.srcメソッドでストリームを生成し、pipeメソッドでストリームを引き継ぎ続けているので、この方法が可能です。

また、gulp.destメソッドで書き出し処理を行ってはいますが、あくまでいち処理としての書き出しを行っただけであり、この時点でもストリームは生き続けています。

ストリームを返すには、returnを使います。次のようにしましょう。

SAMPLE CODE gulpfile.js

```
const gulp = require('gulp')
const sass = require('gulp-sass')

gulp.task('sass', () => {
  return gulp.src('./src/sass/common.scss')
    .pipe(sass())
    .pipe(gulp.dest('./dist'))
})
```

「gulp.src('./src/sass/common.scss').pipe(sass()).pipe(gulp.dest('./dist'))」というストリームの前にreturnを付けるだけでOKです。これで、sassタスクはストリームを返す関数を呼び出すことになります。

では、実際にタスクを実行して見ましょう。

```
$ npx gulp sass
```

実行すると、次のように表示されます。

```
[02:38:16] Using gulpfile ~/gulp-tutorial/gulpfile.js
[02:38:16] Starting 'sass'...
[02:38:16] Finished 'sass' after 31 ms
```

3行目でFinishedと表示され、タスクの完了を確認できています。

gulpでの処理は、ほとんどの場合gulp.srcメソッドでストリームを作ります。そのため、コールバック関数を呼び出すよりはこの方法を取ったほうがシンプルです。

このように、何か自分でタスクを作ったときに非同期処理についての警告が出たら、ストリームを返し忘れていないか確認しましょう。

以上が、gulpによる処理の一連の流れです。

SECTION-026

PostCSSを利用しよう

gulpでSassをコンパイルできるようになりました。続いて、PostCSSをタスクに組み込んでいきましょう。

PostCSSとは

PostCSSとはCSSを解析するツールです。解析されたCSSは、PostCSSプラグインによって加工できます。ここではSassでの処理が完了したCSSを、さらに加工する目的で導入します。

PostCSSを扱うにはCSSを解析する「PostCSS」と、実際に操作する「PostCSSプラグイン」のセットで導入します。

- PostCSS - a tool for transforming CSS with JavaScript

  URL http://postcss.org/

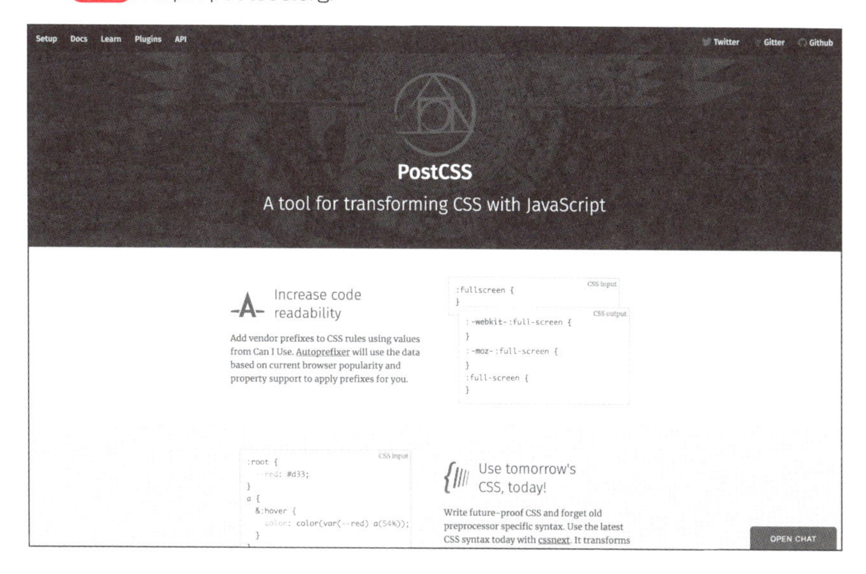

gulp-postcssのインストール

gulpでPostCSSを使うためには**gulp-postcss**というモジュールを使います。

- gulp-postcss - npm

URL https://www.npmjs.com/package/gulp-postcss

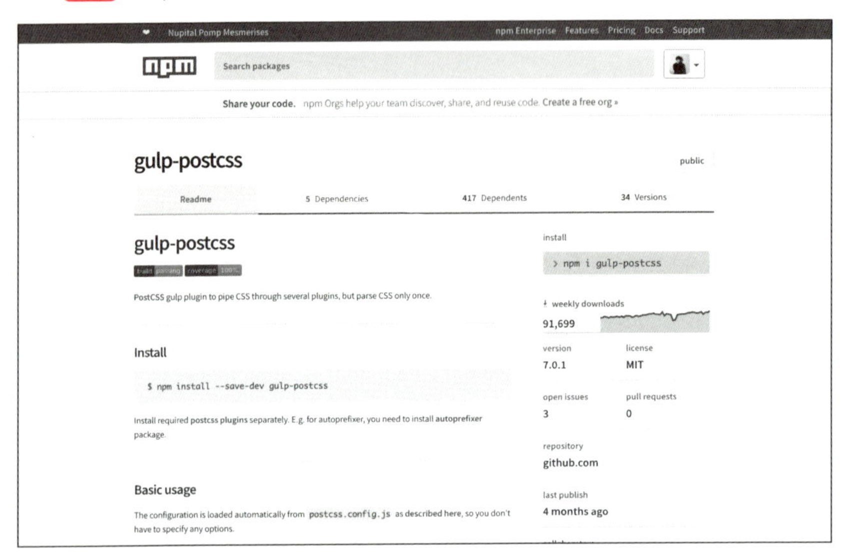

次のコマンドでインストールしましょう。

```
$ npm i -D gulp-postcss
```

タスクへの組み込み

PostCSSはCSSに対して操作を行うものです。そのため、SassでコンパイルされCSSになったストリームを受け取って処理を行います。よって、順番はgulp-sassによる処理の後です。

次のように**pipe**メソッドを使って組み込みましょう。

SAMPLE CODE gulpfile.js

```
const gulp = require('gulp')
const sass = require('gulp-sass')
const postcss = require('gulp-postcss')

gulp.task('sass', () => {
  return gulp.src('./src/scss/common.scss')
    .pipe(sass())
    .pipe(postcss())
    .pipe(gulp.dest('./dist'))
})
```

PostCSSはあくまで解析ツールです。この状態で実行しても、何も変化はありません。実際に変更を加えるために、プラグインを導入する必要があります。

Autoprefixerのインストール

本書では、PostCSSの中でも代表的なプラグインである**Autoprefixer**を利用します。Autoprefixerは、CSSに自動でベンダープレフィックスを付けるPostCSSプラグインです。

URL https://twitter.com/autoprefixer

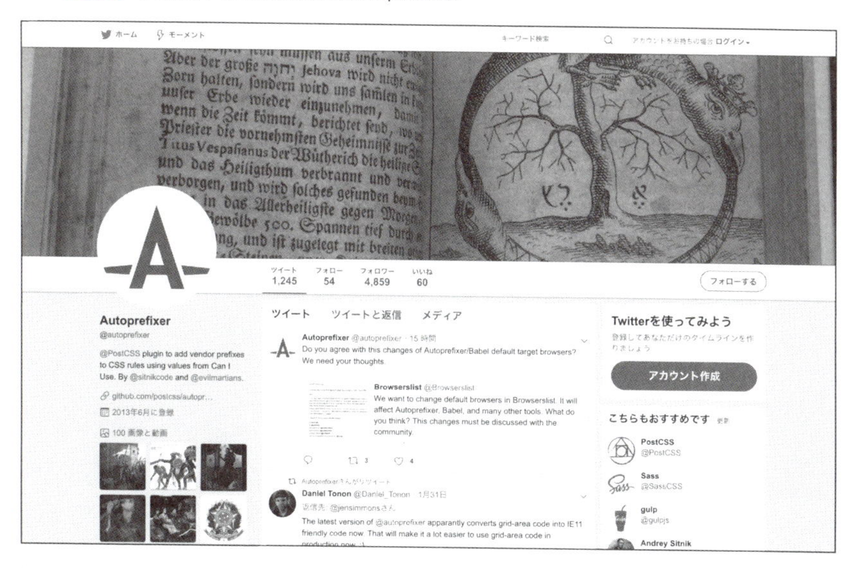

▶ Autoprefixerのインストール

PostCSSプラグインのautoprefixerをインストールしましょう。

- autoprefixer - npm

URL https://www.npmjs.com/package/autoprefixer

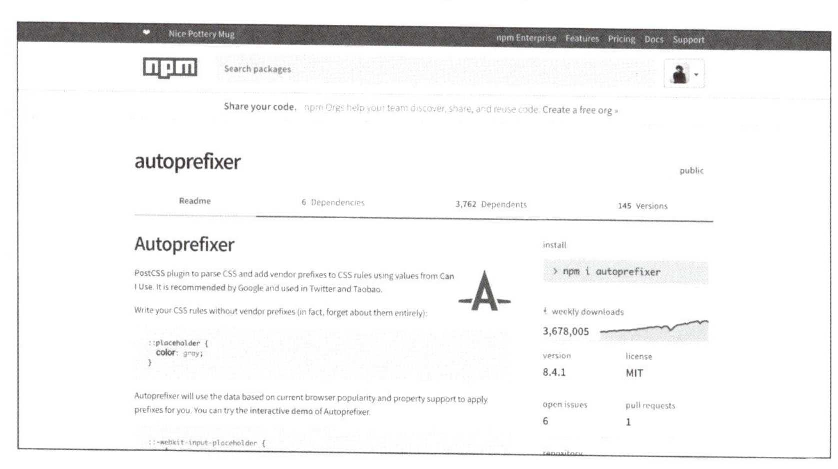

次のコマンドを実行します。

```
$ npm i -D autoprefixer
```

▶ ベンダープレフィクスとは

ベンダープレフィクスとは、ブラウザ独自の試験的実装・非標準のCSSプロパティに対して付けられる接頭辞です。

ここでは、「Flexible Box Layout Module」、通称フレックスボックスを例に挙げます。

CSSの仕様策定を行う「W3C」グループで議論が開始されたのは足並みが揃うよりもずっと前でした。そして、次のような順番で試験的に実装が開始されました。

- 2006年:Firefox2が実装
- 2008年:Safari3.1が実装
- 2010年1月:chrome4が実装
- 2010年4月: iOS safari/chromeが実装

これらは草案として議論している最中の出来事でした。その段階では「`display: flex`」でなく「`display: box`」という宣言で動くというアイデアで進んでいました。あくまで先行実装であるということを示すために、ブラウザベンダーがそれぞれプレフィックスをつけての実装を行なっていました。

その後、2012年に仕様が確定し、正式勧告されるかと思いきや、仕様変更となったため、再度、草案に戻ってしまいました。そして、2012年の時点の使用でIE10が実装しました。そのときの仕様では「`display: flexbox`」と宣言する必要がありました。

その後も議論が続けられ、現在の仕様に至りました。宣言方法も「`display: flex`」に変わりました。また、実際に勧告されてはいないものの、chromeなどのモダンブラウザはいつしかベンダープレフィクスを外しました。

そういうわけで、「ベンダープレフィクス付きで動作するブラウザ」と「ベンダープレフィクス不要のブラウザ」が混在しているという状態にあります。正式勧告に至ってないものの、それぞれが独自実装を進めているプロパティはフレックスボックス以外にもたくさんあります。

そのため、私たちはサポートするブラウザによってはベンダープレフィクスを付けたり、古い仕様の書き方を添えたりという作業が必要になってきます。

▶ Autoprefixerを使うとどうなるの?

Autoprefixerでは、サポートするブラウザを後述する`browserslist`として宣言することで、自動的にベンダープレフィクスの必要・不要を判断します。ブラウザとベンダープレフィクスの照らし合わせは「Can I Use...(https://caniuse.com/)」に従います。

たとえば、もとのCSSが次のような場合を見てみましょう。

```
.sample {
  display: flex;
}
```

Autoprefixerの設定を「IE10以下・Android4.3以下を対応する」とすると、次のようになります(やり方は後述します)。

```
.sample {
  display: -webkit-box;
  display: -ms-flexbox;
  display: flex;
}
```

「display:flex」は、執筆時点はIE11を含む主要ブラウザにおいてベンダープレフィクスなしで動作します。しかし、「Android4.3はベンダープレフィクスが必要」「IE10は旧仕様の実装なら部分的に動く」などと実装状態にぶれがあります。2行目はAndroid4.3以下向け、3行目はIE10向けです。

Autoprefixerを導入すると、これらの対応をいちいち手書きしたり、調べ直したりする必要がなくなります。

▶ browserslist

browserslistとは、対応するブラウザを宣言できるツールです。Autoprefixerは、browserslistを参照して、どのブラウザをサポートするかを決定します。

本書ではAutoprefixerだけでなく、JavaScriptを扱う際に用いるBabel（167ページ参照）でもこれを参照します。

URL https://twitter.com/browserslist

Autoprefixerに限っては、browseslistを使用せずに「Autoprefixerのオプションに対応ブラウザを直接、記述する」という手段が取られてきました。それが非推奨というわけではありませんが、ブラウザのバージョンを参照してその差を埋めるツールなどで使いまわせるものなので、こちらが推奨されています。

▶ browserslistの書き方

browserslistを書くにはいくつかの方法があります。公式で推奨されている方法は、package.jsonに記述する方法です。

他にもしばしば見られるのは、「.browserslistrc」ファイルを作る方法です。ただし、こちらは、次のような懸念があります。

- 隠しファイルである
- 拡張子がないため、シンタックスハイライトや構文チェックツールの恩恵を受けられない

そのため、本書では推奨事項通り、package.jsonに記述していきます。

プロパティ名はbrowserslistです。値は配列で記述します。

▶ サポートブラウザの指定

サポートするブラウザは案件によって色々な状況があります。たとえば、主要ブラウザ最新バージョンと1つ前のバージョン、そしてIE11をサポートする場合は次のようになります。

SAMPLE CODE package.json

```
{
  "browserslist": [
    "last 2 Chrome versions",
    "last 2 Firefox versions",
    "last 2 Safari versions",
    "last 2 ChromeAndroid versions",
    "last 2 iOS versions",
    "last 2 Edge versions",
    "ie 11"
  ],
  "devDependencies": {
    // 省略
  }
}
```

記述したら、再度サポートバージョンを確認してみましょう。

```
$ npx browserslist
```

指定したブラウザのリストが出力されました(バージョンは執筆当時のもの)。

```
and_chr 64
chrome 65
chrome 64
edge 16
edge 15
firefox 59
firefox 58
ie 11
ios_saf 11.3
ios_saf 11.0-11.2
safari 11.1
safari 11
```

この時点で、Autoprefixer側が自動でpackage.jsonのこの情報を取得します。特にgulpfile側で読み込む設定などは不要です。

▶ タスクへの組み込み

PostCSSプラグインをgulp-postcssに組み込むには、次のようにします。

SAMPLE CODE gulpfile.js

```
const gulp = require('gulp')
const sass = require('gulp-sass')
const postcss = require('gulp-postcss')
const autoprefixer = require('autoprefixer')

const postcssOption = [ autoprefixer ]

gulp.task('sass', () => {
  return gulp.src('./src/scss/common.scss')
    .pipe(sass())
    .pipe(postcss(postcssOption))
    .pipe(gulp.dest('./dist'))
})
```

4行目でインストールした`autoprefixer`を読み込みます。6行目で`postcssOption`として宣言しています。gulp-postcssにプラグインを渡すときは、配列の書き方をします。宣言した`postcssOption`は、11行目で`postcss`関数に渡されています。

▶ Grid Layoutプロパティのサポート

先ほどはgulp-postcssのオプションを設定しました。プラグインであるAutoprefixerも、それはそれでオプションが設定できるので紹介します。

最近では、Grid Layoutプロパティを使用する機会も徐々に出始めています。Autoprefixerももちろん対応しているのですが、執筆時点では設定がデフォルトでオフになっています。IEではベンダープレフィクスが必要なので、オプションを渡してオンにしましょう。

SAMPLE CODE gulpfile.js

```
const gulp = require('gulp')
const sass = require('gulp-sass')
const postcss = require('gulp-postcss')
const autoprefixer = require('autoprefixer')

const autoprefixerOption = {
  grid: true
}

const postcssOption = [ autoprefixer(autoprefixerOption) ]

gulp.task('sass', () => {
  return gulp.src('./src/scss/common.scss')
    .pipe(sass())
    .pipe(postcss(postcssOption))
    .pipe(gulp.dest('./dist'))
})
```

6〜8行目でAutoprefixer用の設定を記述します。Autoprefixerのオプションはオブジェクト形式で書きます。オブジェクトの`grid`プロパティを`true`にすればOKです。

そして、10行目で、`autoprefixer`に定義したオブジェクトを渡しています。

これで、Grid Layoutのベンダープレフィクスが付くようになります。

▶ Autoprefixerの起動

試しに`common.scss`ファイルを次のように記述してみました。

SAMPLE CODE common.scss

```
.sample {
  display: grid;
}
```

Autoprefixerを`sass`タスクの中に組み込んでいるので、次のコマンドを実行します。

```
$ npx gulp sass
```

書き出された`common.css`の内容を確認すると、次のようになっています。

SAMPLE CODE common.css

```
.sample {
  display: -ms-grid;
  display: grid; }
```

PostCSS Flexbugs Fixesのインストール

Flexboxは、ブラウザによって細かい挙動が異なってきます。それらの差異を回避策をまとめた**Flexbugs**というプロジェクトがあります。

- Flexbugs
  URL https://github.com/philipwalton/flexbugs

PostCSS Flexbugs Fixesとは、その「Flexbugs」の回避策の通りに自動で書き換えてくれるPostCSSプラグインです。

Flexboxに関する「本来は問題ない記述だが、バグが発生するため冗長な書き方をする必要がある」という項目を自動で検出し修正するというものです。

▶バグの例

バグの一例として「Flexbugs」プロジェクトのバグ番号4に記述されているものを紹介しましょう。内容は「`flex`プロパティを使う際に、`flex-basis`に単位が付いていない場合は`flex-basis`が有効化されない」というものです。

これは、当初の予定では単位が必要であるということが仕様に存在していて、それをもとに実装が進んでいたことによります。IE10/11はその仕様に則っていて、単位が付いていないと効きません。後発のブラウザでは、新しい仕様に則った実装を行っています。そのため、単位がなくても問題はありません。

よって、IE10/11をサポートするならば「単位を付ける」に統一する必要があります。

▶postcss-flexbugs-fixesのインストール

PostCSS Flexbugs fixesをインストールしましょう。

- postcss-flexbugs-fixes - npm
  URL https://www.npmjs.com/package/postcss-flexbugs-fixes

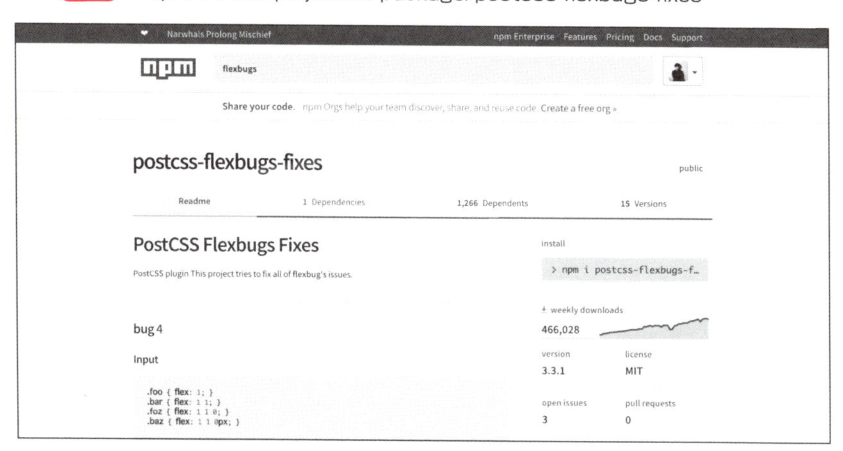

PostCSS Flexbugs fixiesをインストールするには次のコマンドを使います。

```
$ npm i -D postcss-flexbugs-fixes
```

▶ タスクへの組み込み

インストールが完了したら、次のように組み込みます。

SAMPLE CODE gulpfile.js

```
const gulp = require('gulp')
const sass = require('gulp-sass')
const postcss = require('gulp-postcss')
const autoprefixer = require('autoprefixer')
const flexBugsFixes = require('postcss-flexbugs-fixes')

const autoprefixerOption = {
  grid: true
}

const postcssOption = [
  flexBugsFixes,
  autoprefixer(autoprefixerOption)
]

gulp.task('sass', () => {
  return gulp.src('./src/scss/common.scss')
    .pipe(sass())
    .pipe(postcss(postcssOption))
    .pipe(gulp.dest('./dist'))
})
```

5行目で、先ほどインストールしたpostcss-flexbugs-fixesを読み込みます。その後、13行目であらかじめ配列を定義しておいたpostcssOptionに追加します。

▶ プラグインの動作の確認

たとえば、common.scssを次のように書いてみます。

SAMPLE CODE common.scss

```
.foo {
  flex: 1;
}
.bar {
  flex: 1 1;
}
.foz {
  flex: 1 1 0;
}
.baz {
  flex: 1 1 0px;
}
```

これらをコンパイルしてみましょう。

```
$ npx gulp sass
```

コンパイルすると、次のように変換されます。

SAMPLE CODE common.css

```
.foo {
  flex: 1 1; }

.bar {
  flex: 1 1; }

.foz {
  flex: 1 1; }

.baz {
  flex: 1 1; }
```

この短縮記法は`flex: 1 1 0px`と同義であるため、問題なく解釈されるようになります。

CSSWring

CSSWringは、CSSを圧縮するPostCSSです。「wring」とは「絞る」という意味です。

CSSWringのインストール

CSSWringをインストールしましょう。

- csswring - npm
  URL https://www.npmjs.com/package/csswring

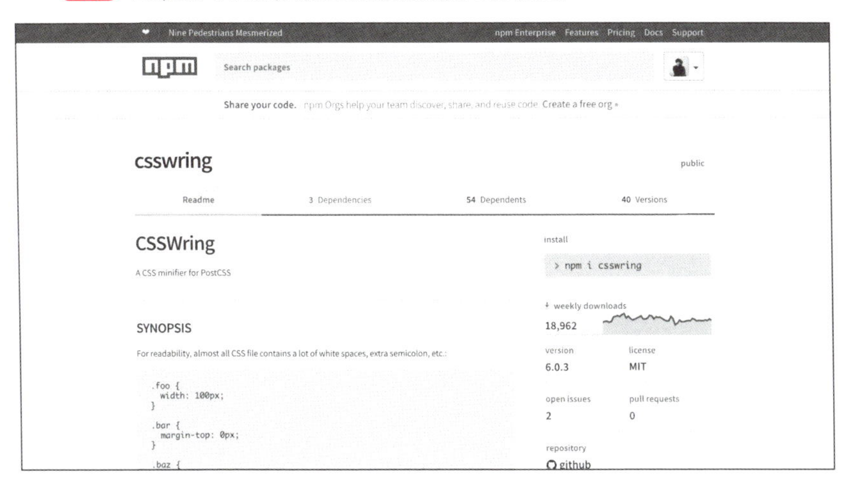

CSSWringをインストールするには次のコマンドを実行します。

```
$ npm i -D csswring
```

▶ タスクへの組み込み

PostCSS Flexbugs Fixiesと同様にプラグインを組み込みます。

SAMPLE CODE gulpfile.js

```
const gulp = require('gulp')
const sass = require('gulp-sass')
const postcss = require('gulp-postcss')
const autoprefixer = require('autoprefixer')
const flexBugsFixies = require('postcss-flexbugs-fixes')
const cssWring = require('csswring')

const autoprefixerOption = {
  grid: true
}

const postcssOption = [
  flexBugsFixies,
  autoprefixer(autoprefixerOption),
  cssWring
]

gulp.task('sass', () => {
  return gulp.src('./src/scss/common.scss')
    .pipe(sass())
    .pipe(postcss(postcssOption))
    .pipe(gulp.dest('./dist'))
})
```

6行目で読み込み、15行目に追加しています。

▶ 動作確認

先ほどのscssをコンパイルして動作を確認します。

SAMPLE CODE common.scss

```
.foo {
  flex: 1 1;
}
.bar {
  flex: 1 1;
}
.foz {
  flex: 1 1;
}
.baz {
  flex: 1 1;
}
```

コンパイルタスクを実行します。

```
$ npx gulp sass
```

改行や末尾のセミコロンが削除されて圧縮されました。

SAMPLE CODE common.css

```
.foo{flex:1 1}.bar{flex:1 1}.foz{flex:1 1}.baz{flex:1 1}
```

これだけでも91バイトから56バイトに圧縮されました。もとのCSSの行数が多ければ多いほど効果は大きくなります。プラグインを入れておくだけで自動的にCSSが圧縮されるので、導入しておくことをおすすめします。

SECTION-027

自動でタスクを実行するようにしよう

前節までで、gulpのタスクができました。ですが、この状態では、何か修正が発生するたびにコマンドラインからタスクを実行する必要があります。それだと結局、手間がかかってしまいます。そこで、タスクの実行を自動化します。ファイルを監視し、ファイルが変更されると、自動でタスクを実行してくれるようにしていきます。

gulp.watchメソッド

ファイルの監視には、gulpオブジェクトにあるwatchメソッドを使います。

▶ watchメソッドの書き方

gulp.watchメソッドは2つの引数を受け付けます。

- 監視するファイルのパス
- 監視対象のファイルが変更されたときに「実行する関数」

次のように記述します。

```
gulp.watch(監視するファイルのパス, 実行する関数)
```

ここでは、前節で作ったSass用のタスクを流用します。指定する引数は次のようにします。

- 監視するファイル：「src」ディレクトリ以下の「.scss」ファイル
- 実行する関数：「sass」タスクを実行する関数

gulp.seriesメソッド

今までは、タスクの実行はコマンドラインから行っていました。ここで、コマンドラインではなく、関数から実行するためのメソッドを紹介します。

gulp.seriesメソッドは、タスクをJavaScriptで呼び出すためのメソッドです。

▶ gulp.seriesメソッドの使い方

gulp.seriesメソッドの使い方は次の通りです。

```
gulp.series('タスクA', 'タスクB', 'タスクC')
```

引数のタスクの数は複数個の設定が可能です。1つでも大丈夫です。

▶ gulp.seriesメソッドの処理について

gulp.seriesメソッドでは、上記の例の場合、「タスクA、タスクB、タスクC」という順番で、**それぞれの完了を待って**実行されます。

このように、完了を検知して動作する必要のあるメソッドがあるからこそ、ストリームを返すなどして明確に終了がわかりやすいようにする必要があるのです。

watchタスクの作成

watchするためのタスクを次のように定義します。

SAMPLE CODE gulpfile.js

```
(省略)

gulp.task('sass', () => {
    return gulp.src('./src/sass/common.scss')
      .pipe(sass())
      .pipe(postcss( postcssOption))
      .pipe(gulp.dest('./dist'))
})

gulp.task('watch', () => {
    return gulp.watch('./src/sass/**/*.scss', gulp.series('sass'))
})
```

2行目で、watchメソッドに次のような指定をしています。

- 監視対象：「./src/sass/」ディレクトリ内のすべての「.scss」ファイル
- 実行する関数：「gulp.series」メソッド経由で「sass」タスクの実行

タスクの実行

定義したwatchタスクを実行しましょう。

```
$ npx gulp watch
```

コマンドを実行すると、watchタスクが開始します。gulp.watchメソッドによりファイルの監視がはじまります。

```
[15:21:57] Using gulpfile ~/gulp-tutorial/gulpfile.js
[15:21:57] Starting 'watch'...
```

この状態で、対象となるsrc/sassディレクトリ以下のscssファイルを変更します。すると、自動でsassタスクが実行されます。

```
[15:21:57] Using gulpfile ~/gulp-tutorial/gulpfile.js
[15:21:57] Starting 'watch'...
[15:22:13] Starting 'sass'...
[15:22:13] Finished 'sass' after 82 ms
```

監視をストップするには「Ctrl」キーと「C」キーを同時に押してください。

EJSを利用しよう

CSSにとってのSassのように、HTMLにとっても便利にかけるツールがあります。それらはテンプレートエンジンと呼ばれます。その中でもよく使われるものの1つ「EJS」を使うための環境を整えましょう。

EJSとは

EJSとは、Node.jsで動作する**テンプレートエンジン**です。

- EJS -- Embedded JavaScript templates

URL http://ejs.co/

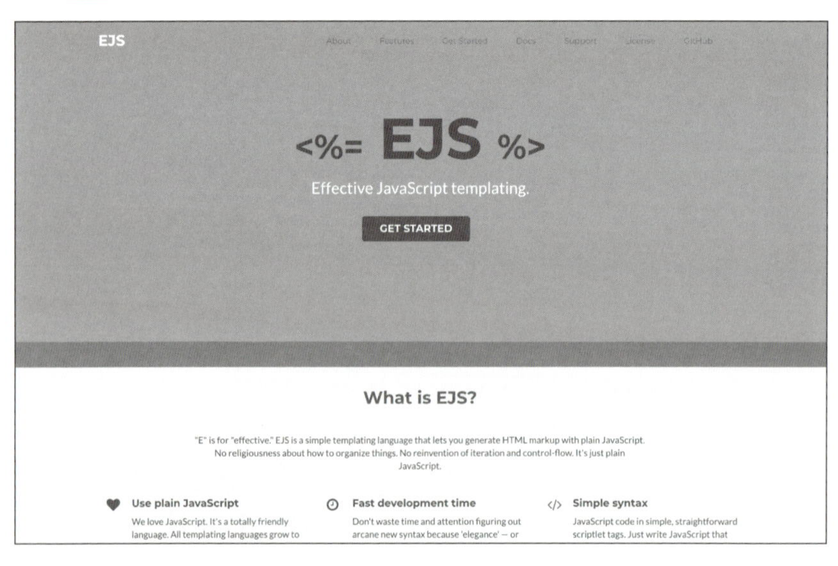

テンプレートエンジンを使うと、次のようなことができます。

- HTMLの分割・読み込み
- 外部ファイルからのデータ流し込み
- JavaScriptの埋め込みなどを用いた処理（繰り返し・条件分岐など）

▶ Node.jsで動くテンプレートエンジン

Node.jsで動作するテンプレートエンジンは、EJS以外にもいくつかあります。たとえば、PugやNunjacksといったものが有名です。

- pug - npm

URL https://www.npmjs.com/package/pug

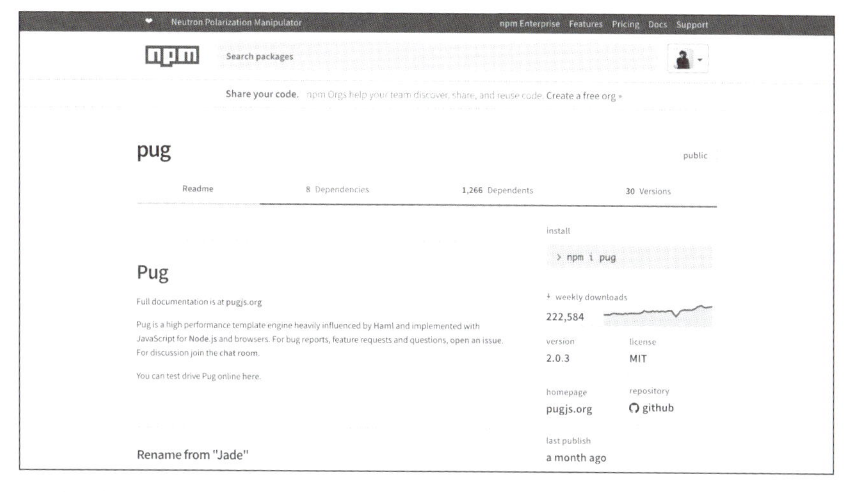

- Nunjucks

URL https://mozilla.github.io/nunjucks/

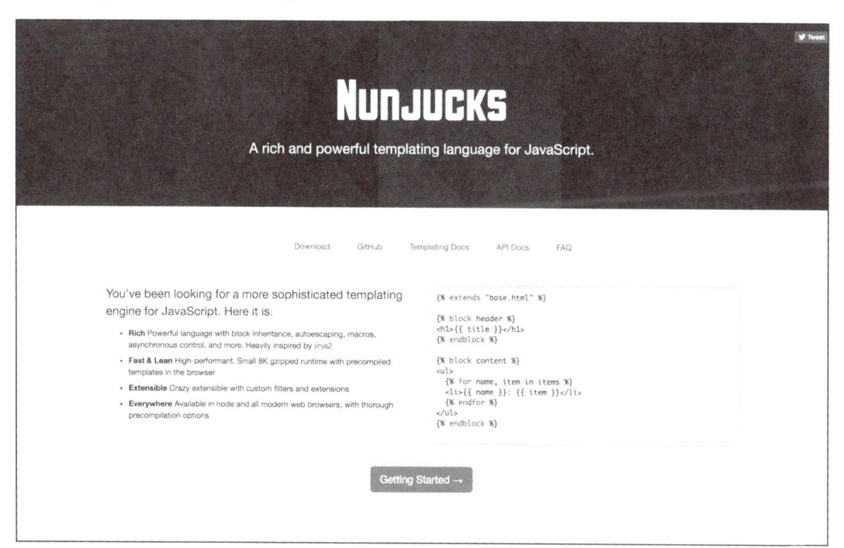

どれも特徴があるテンプレートエンジンですが、とりわけどれが一番優れているというものではありません。

▶ EJSの特徴

EJSの特徴は、**HTMLの記法が流用できること**です。今あるHTMLファイルの拡張子を「.ejs」としてコンパイルすると、そのHTMLが再現されます。

つまり**「今あるプロジェクトを徐々にEJSに置き換えていく」ということも可能**です。EJSに置き換えたら、共通化できるパーツの分割・読み込みをするだけでもかなり修正作業が楽になります。

EJSでよく使うもの

EJSの中でも、有用性が高く、比較的シンプルにかける記法をいくつか紹介します。

▶ include

たとえば、複数ページのあるウェブページを作る際を考えます。全ページに共通で記述するものとして、head要素があります。また、ヘッダーやフッターなども共通パーツとして読み込まれることがあります。

includeを使うと、その部分を切り出しておき、複数のページで読み込むということができます。

ファイルの共通化のメリットは「読み込まれるファイルを更新すると、それを読み込むすべてのファイルで更新が有効になる」という点です。

たとえば、ヘッダー・フッターなどの更新をする場合、共通化がされていないと「すべてのページに変更点をコピペしてまわる」という作業が発生します。共通化によって、この作業を短縮できます。

また、パーツごとにファイルを分けることで管理がしやすくなります。「ヘッダーに関しては、このファイルを確認・修正・更新すればよい」という状態にしておくことで、作業の抜けや漏れを防げます。

ファイルを読み込むには、次のように記述します。

```
<%- include('./_partial/head') %>
```

「include('./_partial/head')」のようにパスのファイルを指定します。そのファイルの記述を読み込み、出力します。

上記の例では_partialディレクトリの「head.ejs」ファイルを読み込んでいます。読み込むファイルが「.ejs」拡張子を持つの場合、指定するのはファイル名まででOKです。

また、「<%- %>」というタグで囲まれています。これは「エスケープせずに出力」という役割を持ちます。includeで読み込んだHTMLをそのままHTMLとして扱うためには「エスケープせずに」出力する必要があります。

▶ includeのサンプル

たとえば、次のようなディレクトリ構成の場合を考えましょう。

```
.
├── gulpfile.js
├── package-lock.json
├── package.json
└── src
    └── html
        ├── config.json
        ├── index.ejs
        └── _partial
            └── head.ejs
```

head要素だけを切り分けてhead.ejsとしています。分割して切り出したファイルは、わかりやすいように_partialディレクトリなどに分けています。

SAMPLE CODE head.ejs

```
<head>
  <meta charset="UTF-8">
  <meta name="viewport" content="width=device-width, initial-scale=1.0">
  <title>〇〇株式会社</title>
</head>
```

切り出したhead.ejsは、index.ejs内で読み込みます。

SAMPLE CODE index.ejs

```
<!DOCTYPE html>
<html lang="ja">
  <%- include('./_partial/head') %>
<body>

</body>
</html>
```

この状態でindex.ejsファイルをコンパイルすると、次のようになります。

SAMPLE CODE index.html

```
<!DOCTYPE html>
<html lang="ja">
  <head>
  <meta charset="UTF-8">
  <meta name="viewport" content="width=device-width, initial-scale=1.0">
  <title>〇〇株式会社</title>
</head>


<body>
```

▼

```
</body>
</html>
```

includeの部分に読み込んだファイルの内容が出力されています。

▶ include(引数付き)

titleの表記を「お問い合わせ - ◯◯株式会社」のように一部、改変したいという場合がしばしばあります。しかし、前述のincludeでは、読み込んだファイルがすべて共通のテキストになってしまいます。

EJSでは次のようにすることで、読み込む際に文字列を変更することができます。

- 読み込まれる側の文字列を変数にしておく
- 読み込む側のinclude関数に引数を渡す

head.ejsを次のようにします。

SAMPLE CODE head.ejs

```
<%
var pageTitle
%>

<head>
  <meta charset="UTF-8">
  <meta name="viewport" content="width=device-width, initial-scale=1.0">
  <title><%= pageTitle %> - ◯◯株式会社</title>
</head>
```

1行目で、「<% var pageTitle %>」としています(上記は改行した形です)。

「<% %>」タグは、中にJavaScriptを書くときに使います。特に何かを出力することはありません。ここでは、このページに変数を定義しています。

8行目で、ページタイトルが入る場所を「<%= pageTitle %>」としています。ここに、変数pageTitleの値が出力されるようになっています。

「<%= %>」タグは、「エスケープして出力」を行うタグです。たとえば、pageTitle変数に「<strong>お問い合わせ</strong>」のようなHTML文字列を渡した場合に「<strong>HTMLの特殊文字列</strong>」のように変換されます。

このように変換すると、HTMLとしては機能せず、ただの文字列として表示できます。

読み込む側では、includeする際に変数を指定します。次のようにしましょう。

SAMPLE CODE index.ejs

```
<%
var pageData = {
  pageTitle: "お問い合わせ"
}
%>
```

```
<!DOCTYPE html>
<html lang="ja">
  <%- include('./_partial/head', pageData) %>
<body>

</body>
</html>
```

1〜5行目で変数を指定しています。pageDataというオブジェクトを定義し、そのオブジェクトのpageTitleプロパティに「**お問い合わせ**」という文字列を設定しています。

定義したpageDataオブジェクトは、9行目でincludeするときに第2引数に指定しています。これで、読み込む際にpageTitleの部分を「**お問い合わせ**」という文字列で扱うことができます。

この状態でコンパイルすると、次のようになります。

SAMPLE CODE index.html

```
<!DOCTYPE html>
<html lang="ja">


<head>
  <meta charset="UTF-8">
  <meta name="viewport" content="width=device-width, initial-scale=1.0">
  <title>お問い合わせ - ○○株式会社</title>
</head>

<body>

</body>
</html>
```

「<%= pageTitle %>」の部分が、指定した「**お問い合わせ**」の文字列に置き換わりました。

また、次の点に注意しましょう。

- head側であらかじめ定義した変数を渡すこと
- 外から変数を参照する場合const/letではなくvarを使うこと

▶ 外部ファイル読み込み

先ほどは、ページファイルに変数データを持たせました。EJSはページファイル内だけではなく、外部のJSONデータも取り込むことができます。

これでデータとテンプレートを分離しておくと、次のようなメリットがあります。

- データを変更すると、参照先すべてに変更がかかる
- データの追加・修正の際にもとのソースコードに触らずに変更できる
- 繰り返し処理などでさばくことができる

▶ head要素のデータ

昨今は特にhead要素に定義しておくべきデータが増えました。そこで、あらかじめEJSでひな形を作っておき、入力すべきデータを別ファイルにしておきます。そうすることで、簡単かつ確実に、漏れのない設定が可能になります。

たとえば、先ほど定義した`head.ejs`ファイルを拡張してみましょう。ここでは、一部を抜粋して掲載します（サンプルコードではより多くの情報を掲載しています）。

SAMPLE CODE index.ejs

```
<%
var pageTitle
%>

<head>
  <meta charset="UTF-8">
  <meta name="viewport" content="width=device-width, initial-scale=1.0">
  <title>
  <% if(pageTitle) {%>
      <%= pageTitle %> - ○○株式会社
  <% } else { %>
      ○○株式会社
  <% } %>
  </title>
  <meta
    name="description"
    content="<%= config.default.description %>"
  >
  <meta
    name="author"
    content="<%= config.default.author %>"
  >
  <meta
    property="og:type"
    content="website"
  >
  <meta
    property="og:site_name"
    content="<%= config.default.title %>"
  >
  <meta
    property="og:title"
    content="
    <% if (key !== 'index') {%>
      <%= pagetitle + ' | ' %>
    <% } %>
    <%= config.default.title %>"
  >
```

```
  <meta
    property="og:description"
    content="<%= config.default.description %>"
  >
  <meta
    property="og:url"
    content="<%= config.default.publicPath %>"
  >
  <meta
    property="og:image"
    content="<%= config.default.publicPath %>/img/facebook.png"
  >
</head>
```

gulp-ejsのインストール

gulpでEJSを使うにはgulp-ejsというモジュールを使います。

- gulp-ejs - npm

URL https://www.npmjs.com/package/gulp-ejs

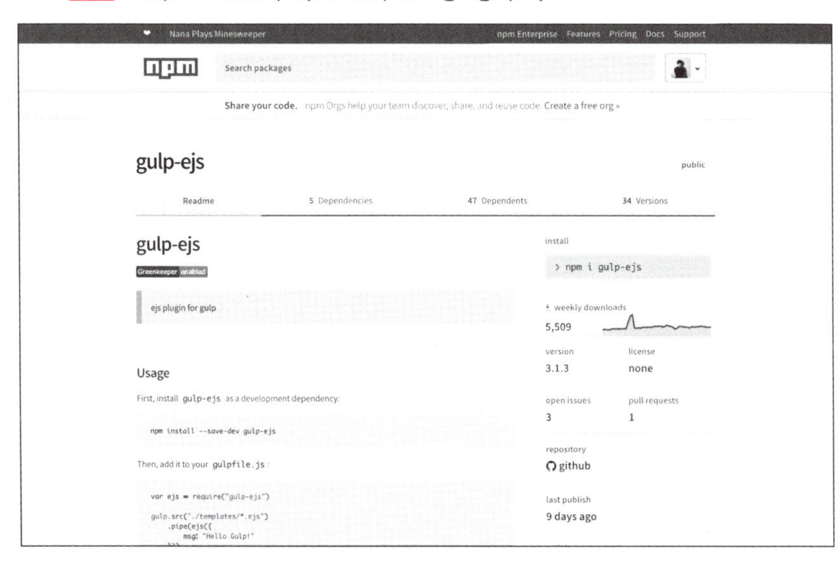

次のコマンドでインストールします。

```
$ npm install -D gulp-ejs
```

タスクの定義

gulp-ejsを使ったコンパイルは次のような流れで行います。

- 「gulp.src」メソッドでejsファイルを読み込む
- 「ejs」という名前で扱えるようにしたgulp-ejsにコンパイルさせる
- 「gulp.dest」メソッドで書き出す

「gulp-ejsでコンパイルしたストリーム」を書き出す際、デフォルトでは拡張子が「もとのファイルの拡張子」になります。中身はコンパイルされたHTML形式なのですが、そのまま書き出しても拡張子が`html`にはなりません。

私たちは「`.ejs`」ファイルではなく「`.html`」ファイルが成果物としてほしいので、設定を変更します。次のように記述します。

なお、前節までに定義したタスクはここには掲載しておりませんが、都度、追記していく形をとってかまいません(詳しい記述方法はサンプルコードをご確認ください)。

以降、gulpfile.jsの部分は「その節で必要なモジュールの読み込み」や「その節で触れているタスク」のみを掲載していきます。

SAMPLE CODE gulpfile.js

```
const gulp = require('gulp')
const ejs = require("gulp-ejs")

// ejsのコンパイル設定用のオブジェクト
const ejsSettingOption = {
  ext: '.html'
}

// ejsをコンパイルするタスク
gulp.task('ejs', () => {
  return gulp
    .src('./src/html/*.ejs')
    .pipe(ejs({}, {}, ejsSettingOption))
    .pipe(gulp.dest('./dist'))
})
```

4〜7行目で書き出しに関する設定を定義します。オブジェクトのextプロパティに任意の拡張子を設定すると、その拡張子で書き出されます。ここを「.html」にしましょう。

13行目で、定義したオブジェクトを第3引数に渡します。第1・第2引数は空でOKです。

タスクの実行

ejsタスクを実行しましょう。

```
$ npx gulp ejs
```

完了すると、コンパイルされたHTMLファイルがdistディレクトリ以下に書き出されます。次のようなディレクトリ構成になります。

```
.
├── dist
│   └── index.html
├── gulpfile.js
├── package-lock.json
├── package.json
└── src
    └── html
        ├── index.ejs
        └── _partial
            └── head.ejs
```

JSONファイルの読み込み

ここでは、JSONファイルに変数として使用するデータを記述し、読み込んで使う方法を説明します。次のような流れで行います。

- JSONファイルを読み込む
- JSONファイルをJavaScriptで使えるオブジェクトに変換する
- オブジェクトを「ejs()」に渡してejsで使えるようにする

SAMPLE CODE config.json

```
{
  "author" : "中村勇希",
  "title" : "タイトルのサンプルです",
  "description": "説明文のサンプルです",
  "public": "http://sample.sample"
}
```

SAMPLE CODE gulpfile.js

```
const fs = require('fs')
const gulp = require('gulp')
const ejs = require("gulp-ejs")

const configJsonData = fs.readFileSync('./src/ejs/config.json')
const configObj = JSON.parse(configJsonData)

//  ejsのデータ読み込み設定
const ejsDataOption  =  {
  config:  configObj
}

// ejsのコンパイル設定用のオブジェクト
const ejsSettingOption = {
  ext: '.html'
}

// ejsをコンパイルするタスク
gulp.task('ejs', () => {
  return gulp
    .src('./src/html/*.ejs')
    .pipe(ejs(ejsDataOption,  {},  ejsSettingOption))
    .pipe(gulp.dest('./dist'))
})
```


5行目で、まずは`ejs`ディレクトリに保存した`config.json`ファイルを読み込みます。

▶ fsオブジェクト

`fs`オブジェクトはNode.jsに標準で搭載されています。特にインストールの必要はありません。

▶ readFileSyncメソッド

`readFileSync`メソッドは、ファイルを読み込んでJavaScript上で操作するためのメソッドです。引数に目的のファイルのパスを渡すと、そのファイルの中身を取得します。

6行目では、5行目で取得したJSONデータを解析し、JavaScriptのオブジェクトに変換します。

▶ JSONオブジェクト

JSONオブジェクトはJavaScriptが標準で持っているオブジェクトなので、特にインストールの必要はありません。

▶ parseメソッド

JSONオブジェクトのparseメソッドは、JSONデータを引数にとり、そのJSONデータをオブジェクトに変換します。ここではJSONデータはconfigJsonDataとして取得済みなので、それを変換しています。

この時点で、読み込んだJSONデータはconfigObjという名前で使用可能になっています。

gulp-ejsは3つの引数を取ります。

1つ目はデータを受け付けます。10行目のように1つ目の引数に「config: configObj」としています。こうすることで、ejs上でconfigObjをconfigという名前で使えます。なお、このconfig部分は任意に決めることができます。

タスクの実行

タスクを実行しましょう。

```
$ npx gulp ejs
```

実行すると、コンパイルが完了し、HTMLにJSONのデータが反映されます。

SAMPLE CODE index.html

```
<!DOCTYPE html>
<html lang="ja">



<head>
  <meta charset="UTF-8">
  <meta name="viewport" content="width=device-width, initial-scale=1.0">
  <title>お問い合わせ - ○○株式会社</title>
  <meta
    name="description"
    content="説明文のサンプルです"
  >
  <meta
    name="author"
    content="中村勇希"
  >
  <meta
    property="og:type"
    content="website"
  >
  <meta
    property="og:site_name"
    content="タイトルのサンプルです"
  >
  <meta
    property="og:title"
    content="
```

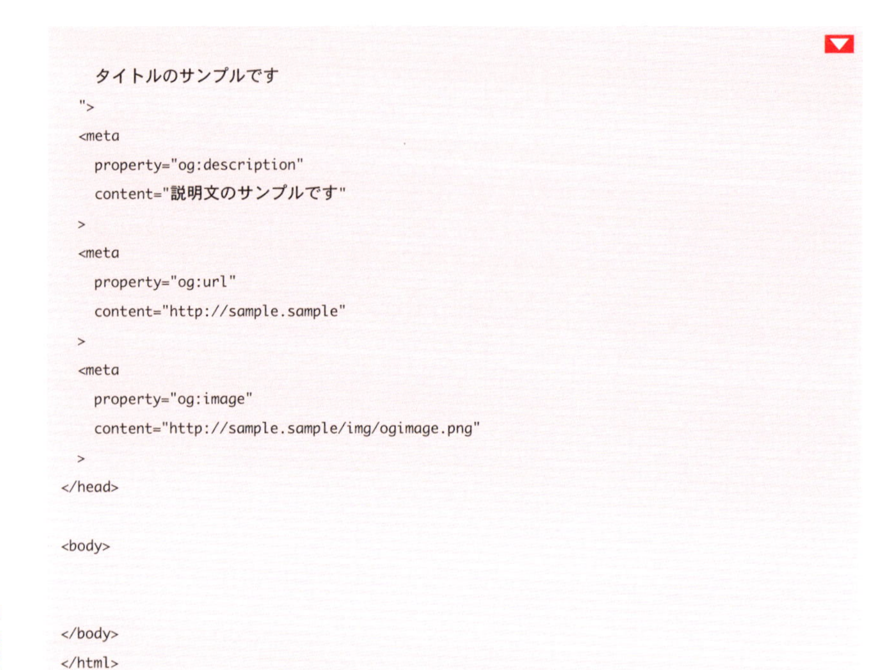

```
    タイトルのサンプルです
  ">
  <meta
    property="og:description"
    content="説明文のサンプルです"
  >
  <meta
    property="og:url"
    content="http://sample.sample"
  >
  <meta
    property="og:image"
    content="http://sample.sample/img/ogimage.png"
  >
</head>

<body>


</body>
</html>
```


htmlの圧縮

htmlの圧縮には**gulp-htmlmin**というプラグインを使います。

- gulp-htmlmin - npm

URL https://www.npmjs.com/package/gulp-htmlmin

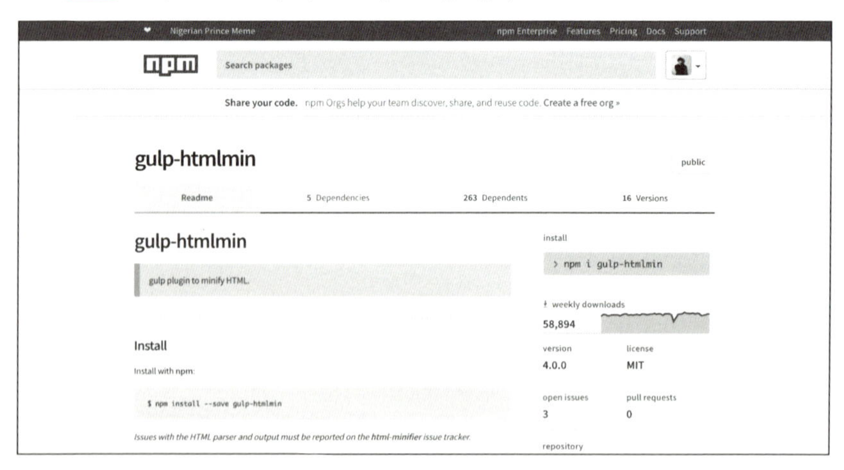

次のコマンドでインストールしましょう。

```
$ npm i -D gulp-htmlmin
```

▶ タスクへの組み込み

次のようにしてタスクを定義します。

SAMPLE CODE gulpfile.js

```
const fs = require('fs')
const gulp = require('gulp')
const ejs = require('gulp-ejs')
const htmlmin = require('gulp-htmlmin')

// JSONファイルの読み込みと変換
const configJsonData = fs.readFileSync('./src/html/config.json')
const configObj = JSON.parse(configJsonData)

//  ejsのデータ読み込み設定
const ejsDataOption  =  {
  config:  configObj
}

// ejsのデータ読み込み設定
const ejsDataOption = {
  config: configObj
}

// ejsのコンパイル設定
const ejsSettingOption = {
  ext: '.html'
}

// htmlminの設定
const htmlminOption = {
  collapseWhitespace: true
}

// ejsのタスク
gulp.task('ejs', () => {
  return gulp
    .src('./src/html/*.ejs')
    .pipe(ejs(ejsDataOption,  {},  ejsSettingOption))
    .pipe(htmlmin(htmlminOption))
    .pipe(gulp.dest('./dist'))
})
```

`gulp-htmlmin`モジュールは、`html-minify`というNode.jsモジュールをgulpで扱えるようにしたものです。この`html-minify`は、初期状態のままでは何も処理を行いません。

改行や空白を削除するには`collapseWhitespace`というオプションをオンにします。`htmlminOption`オブジェクトで設定しています。27行目を参照してください。

すべての改行を削除するとはいっても、pre要素で囲まれているなど空白が文書構造で重要な意味を持つ場合は削除の対象ではありません。

30行目でhtmlminOptionオブジェクトをhtmlminに渡しています。これで、ejsがコンパイルしたhtmlのストリームを受け取り、「圧縮したhtml」の情報をもつストリームに変換します。

▶ タスクの実行

タスクを実行しましょう。

```
$ npx gulp ejs
```

次のように改行が省略され、ファイル容量が圧縮されました（長いので省略しています）。

SAMPLE CODE index.html

```
<!DOCTYPE html><html lang="ja"><head><meta charset="UTF-8"><met... (省略)
```

watchタスクへの登録

定義したejsタスクをwatchタスクに登録するには次のようにします。

SAMPLE CODE gulpfile.js

```
gulp.task('watch', () => {
  gulp.watch('./src/sass/**/*.scss', gulp.series('sass'))
  gulp.watch('./src/html/**/*.ejs', gulp.series('ejs')
})
```

改行が発生する場合は、括弧でくくってreturnすればOKです。

画像処理を行おう

ウェブページは容量が少ない方がいい、これは通信を行う以上、当たり前のことです。少ない方が速くページが表示され、ユーザーの通信容量にも負担をかけなくて済みます。

特に画像の容量はプロジェクトによっては割合が高くなりがちです。

また、Google PageSpeed Insightsにおいても「Optimize Images（画像を最適化する）」という項目で推奨事項が記載されています。

- 画像を最適化する | PageSpeed Insights
  URL https://developers.google.com/speed/docs/insights/OptimizeImages?hl=ja

画像は簡単に大幅な容量削減ができるという側面があります。

ここでは、画像圧縮をgulpで自動化し、意識しなくても最適な画像が存在するという開発環境を作ります。

ディレクトリ構成

ディレクトリ構成は次の通りです。

```
.
├── gulpfile.js
├── package-lock.json
├── package.json
├── node_modules
└── src
    └── images
        ├── lenna.gif
        ├── lenna.jpg
        ├── lenna.png
        └── lenna.svg
```

gulp-imageminのインストール

gulpで画像を圧縮するにはgulp-imageminというモジュールを使います。

- gulp-imagemin - npm

URL https://www.npmjs.com/package/gulp-imagemin

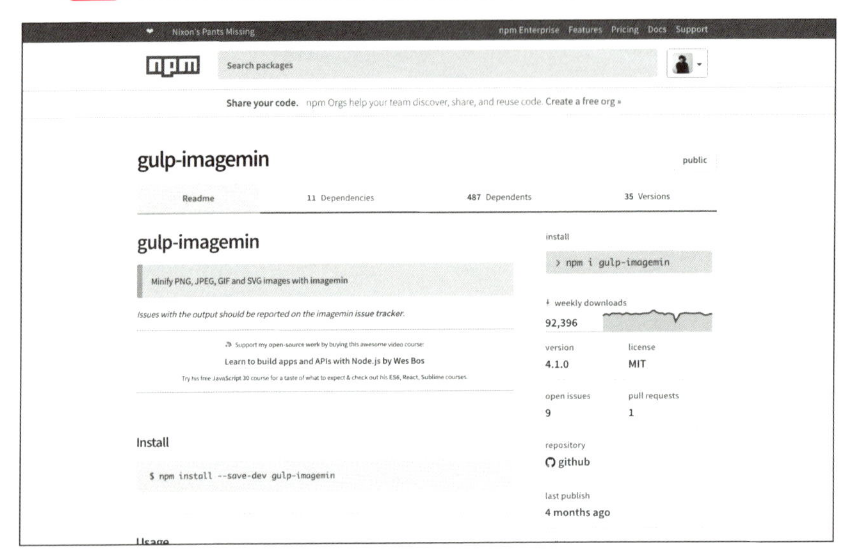

次のコマンドでインストールします。

```
$ npm i -D gulp-imagemin
```

タスクの定義

次のようにしてタスクを定義します。

SAMPLE CODE gulpfile.js

```
const gulp = require('gulp')
const imagemin = require('gulp-imagemin')


gulp.task('imagemin', () => {
  return gulp
    .src('./src/images/*')
    .pipe(imagemin())
    .pipe(gulp.dest('./dist/images'))
})
```

src/imagesディレクトリ以下のすべての画像を対象にします。それらをimagemin()関数に引き渡します。

タスクの実行

タスクを実行しましょう。

```
$ npx gulp imagemin
```

初期状態での圧縮前と圧縮後の比較は次のようになります。

●圧縮前

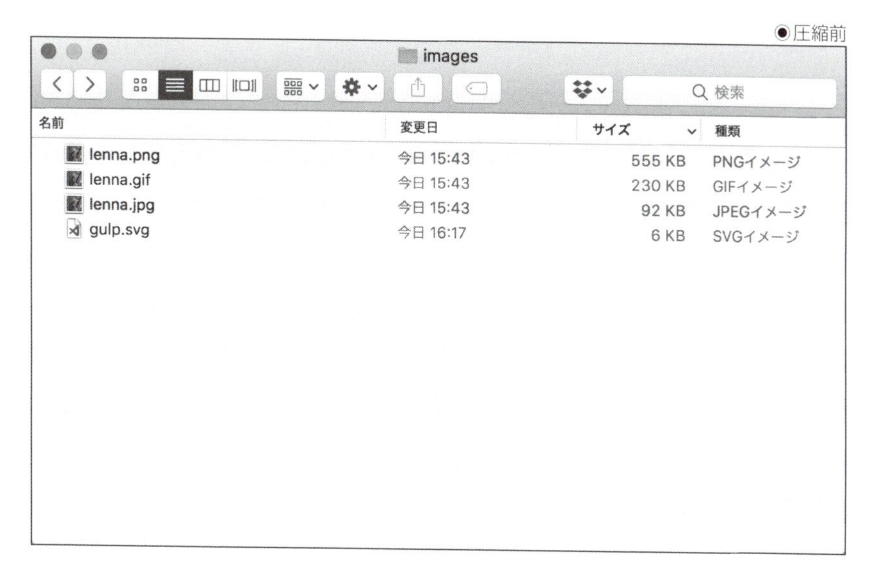

●圧縮後

見ての通り、pngファイルとSVGファイル以外は大きな圧縮が行われていません。これは、gulp-imageminが「ロスレス圧縮」を行うことにあります。

▶ ロスレス圧縮

ロスレス圧縮とは、圧縮前と圧縮後でデータを損なわない圧縮です。画像表示にかかわらない情報を削除するだけなので、圧縮後に画像が粗くなってしまうことがありません。

たとえば、PNGファイルにはいくつかの補助情報が含まれています。

- アルファチャンネル(透明度)に関する情報
- ガンマ値などの補助的な情報

それらの補助情報は画像データの描画そのものにはかかわるものではないので、削除できます。PNGに関しては含まれる情報が多い場合があり、ロスレス圧縮でもある程度の圧縮が得られます。

そのほか、SVGは改行を詰めたりviewboxを削除したりといった細かい処理による削減は行われています。

もともとの画像ファイルが小さいので数値としては目に見えて減っているものの、もとの画像データを操作することはないため、変化は小さくなります。

▶ 不可逆圧縮

ロスレス圧縮だとあまりにも圧縮できる容量が少なく、軽量化を行う意味があまりありません。そこで、画像の色を減らすなどしてより圧縮を行えるライブラリを導入します。

GIFの不可逆圧縮

GIF画像の圧縮は、単純に「**色数を減らす**」ということで行えます。これは、別のプラグインを入れなくてもgifsicleで行うことができます。

通常、GIF画像は2色モノクロから256色までの色情報を持たせることができます。gifsicleは初期値として256色まで使う形式で圧縮を行いますが、画像によっては256色の情報を持たせなくもそれなりに綺麗に表現できる場合があります。「全体的に赤い/青い」「線とベタ塗りしかない」「テキストのみ」のような場合、かなり色数を減らしても問題にならないこともあります。

たとえば、サンプルファイルの「Lenna」という女性の画像は、青と緑の輝度が低く、極端に赤く見える画像です。そのため、たとえば128に落としてもあまり極端な画像の変化は見られませんでした。

また、64色になると「背景のボケ感」「肌の陰影や光沢」のようなグラデーション部分の表現で中間色を使えなくなっていき、ざらざら・べたべたとした質感になっていきました。

これらは、プロジェクトの画像の性質を見ながら数値を検討してみましょう。

▶ GIFアニメーション

GIFアニメーションについてはoptimizationLevelプロパティの値を「1」「2」「3」の数字どれかで設定できます。

通常、何も設定しなければ、設定「1」になりますが、「2」「3」を設定することで、透明度を組み合わせた圧縮をはじめ、色々な手法を組み合わせて圧縮を試みる処理に変わります。

もちろん、処理が増える分、時間はかかりますので、これもプロジェクトの性質をみながら検討しましょう。

PNGの不可逆圧縮

imagemin-pngquantは、pngquantというツールをimageminで使うためのライブラリです。pngquantはpngファイルを圧縮するためのツールです。

高性能なアルゴリズムで、適切に色情報を減らすことで、品質を保ちつつも大幅な圧縮が行えます。ImageOptimやImageAlphaといった有名なMac用のアプリケーションの処理部分にも採用されています。

これを導入していきましょう。

- pngquant — lossy PNG compressor

  URL https://pngquant.org/

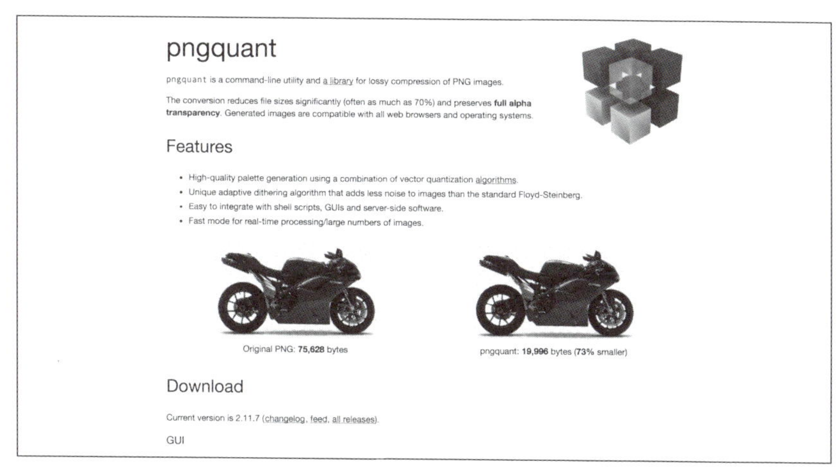

▶ imagemin-pngquantのインストール

imagemin-pngquantをインストールしましょう。

- imagemin-pngquant - npm

  URL https://www.npmjs.com/package/imagemin-pngquant

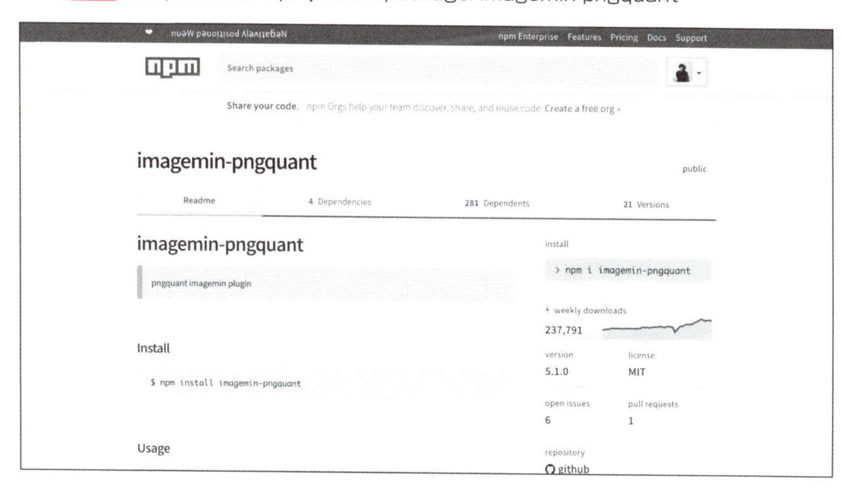

次のコマンドでインストールします。

```
$ npm i -D imagemin-pngquant
```

▶ タスクの定義

次のようにしてタスクを定義します。

SAMPLE CODE gulpfile.js

```
const gulp = require('gulp')
const imagemin = require('gulp-imagemin')
const imageminPngquant = require('imagemin-pngquant')

const imageminOption = [
  imageminPngquant({ quality: '65-80' }),
  imagemin.gifsicle(),
  imagemin.jpegtran(),
  imagemin.optipng(),
  imagemin.svgo()
]

gulp.task('imagemin', () => {
  return gulp
    .src('src/images/*')
    .pipe(imagemin(imageminOption))
    .pipe(gulp.dest('dist/images'))
})
```

qualityの値を変化することで、pngquantが色の量を調節して容量を削減します。必要とする品質に合わせて調整しましょう。

すべてのルールは開発レポジトリに掲載されています。

URL https://github.com/imagemin/imagemin-pngquant

▶ タスクの実行

タスクを実行しましょう。

```
$ npx gulp imagemin
```

サンプルデータの場合、ファイルサイズは次のようになります。

圧縮方法	圧縮前	圧縮後
optipngのみ	555KB	474KB
pngquantのみ	555KB	196KB
pngquant後にoptipngを実行	555KB	192KB

まずは不可逆圧縮でサイズを減らし、ロスレス圧縮で不要情報を取り除くというのが一番容量が削減できます。

JPEGの不可逆圧縮

gulp-imageminではjpgファイルの圧縮にjpegtranというプラグインが使われています。しかし、このプラグインはあくまでロスレス圧縮用です。

JPEG形式を使用する際は、本当にしっかりファイルサイズを削減するならば、**多少の損失を伴う必要があります。**

そこで、gulp-imagemin-moz-jpegを採用します。

このプラグインを使うと、非可逆圧縮という方法で圧縮を行うことができます。データは改変されるものの、人間の感覚に伝わりにくい微妙な色の変化などの部分を大幅削減する処理を行うので、よほど鮮明な画像による表現が必要でない場合は大きく削減できます。

▶ imagemin-moz-jpegのインストール

次のコマンドでインストールします。

```
$ npm i -D imagemin-mozjpeg
```

▶ タスクの定義

タスクの定義は次のようになります。

SAMPLE CODE gulpfile.js

```
const gulp = require('gulp')
const imagemin = require('gulp-imagemin')
const imageminPngquant = require('imagemin-pngquant')
const imageminMozjpeg = require('imagemin-mozjpeg')

const imageminOption = [
  imageminPngquant({ quality: '65-80' }),
  imageminMozjpeg({ quality: 80 }),
  imagemin.gifsicle(),
  imagemin.jpegtran(),
  imagemin.optipng(),
  imagemin.svgo()
]

gulp.task('imagemin', () => {
  return gulp
    .src('src/images/*')
    .pipe(imagemin(imageminOption))
    .pipe(gulp.dest('dist/images'))
})
```

imagemin-pngquantと同様に、qualityの値は必要とする品質に応じて変更しましょう。

▶ プログレッシブJPEGとベースラインJPEG

JPEGには2つの種類があります。それは、**プログレッシブJPEGとベースラインJPEG**です。

プログレッシブJPEGのプログレッシブとは「先進的」という意味です。ウェブサイト向けに最適化された形と言えます。過去には、プログレッシブJPEGに対応していない端末がありましたが、現在は主要ブラウザは対応しているため使用に制限はほぼないものと思って差し支えません。

この形式は、画像を表示するときの見せ方の形式に関わります。たとえば、低速回線や超高解像度な写真データなどで画像データの取得に時間がかかるとき、プログレッシブJPEGは「低解像度、中解像度、高解像度」のようなステップでぼんやりした画像をどんどん鮮明に表示していきます。

「ベースラインJPEG」とは通常のJPEG形式で、画像のデータを上から順番に取得し、表示していきます。

もちろん、一瞬で取得され表示されるのが理想ではあります。その上、通信回線もどんどん高速化しています。ただし、すべての人が常にその速度を享受できるわけではありません。地域によっては3Gすら入りづらい場合もある上に、通信制限で低速化することもあります。

それらを踏まえてユーザーの体験を考えると「いつまでたっても全貌が見えない」よりは「ぼんやりでも大まかな形が早く表示される・データ取得の進捗が見えやすい」プログレッシブJPEGという選択をするのも合理的でしょう。

また、多くの場合プログレッシブJPEG形式の方が画像全体の容量がわずかながら小さくなる傾向があるので、容量だけを見ても採用の価値があるといえます。

mozjpegはデフォルトでプログレッシブJPEGとして画像を処理します。そのため、特に設定は必要ありません。

SVGの不可逆圧縮

SVGに圧縮には、svgoというプラグインを使います。これだけでも手軽に圧縮すべき圧縮は行えますが、SVGでも不可逆圧縮は行えます。

ただし、SVGはXMLであり、アクセシブルなデータです。あってもなくても画像としての見栄えは変わらないものの、スクリーンリーダーによる読み上げなどのマシンリーダビリティの観点でいうと削除に慎重になるべきデータを多く含みます。

SVGOは複数のプラグインを搭載しており、それらのオン／オフを切り替えることで圧縮設定を行います。プラグインはすべてオンになっているわけではなく、オフになっているものあります。

すべてのルールは開発レポジトリに掲載されています。

URL https://github.com/svg/svgo

SECTION-030

ブラウザを自動更新しよう

ここでは、ファイルが更新されるたびにブラウザを自動で更新するためのタスクを作ります。

通常、コーディング作業では「HTMLやCSSファイルを修正し、保存」の後に「ブラウザを更新」することで修正を確認します。この「ブラウザを更新」には、ブラウザのウィンドウをアクティブにし、更新ボタンをクリックもしくはショートカットキーを押すという作業が伴います。大した作業ではないと思われるかもしれませんがいちいちこれを伴うのと伴わないのでは大きな違いです。また、「修正が反映されないと思ったらブラウザを更新し忘れていた」といったような細かいミスも、自動化することで防げます。

ブラウザの自動更新にはBrowsersyncというツールを使います。これはNode.jsで立てたローカルサーバーを使用し、ファイルの更新を監視して自動更新するというものです。gulpのプラグインではありませんが、シンプルなJavaScriptだけで動かすことができます。これをgulpのタスクの中に書くことで、他のタスクなどと組み合わせて使いやすくすることができます。

- Browsersync - Time-saving synchronised browser testing

  URL https://browsersync.io/

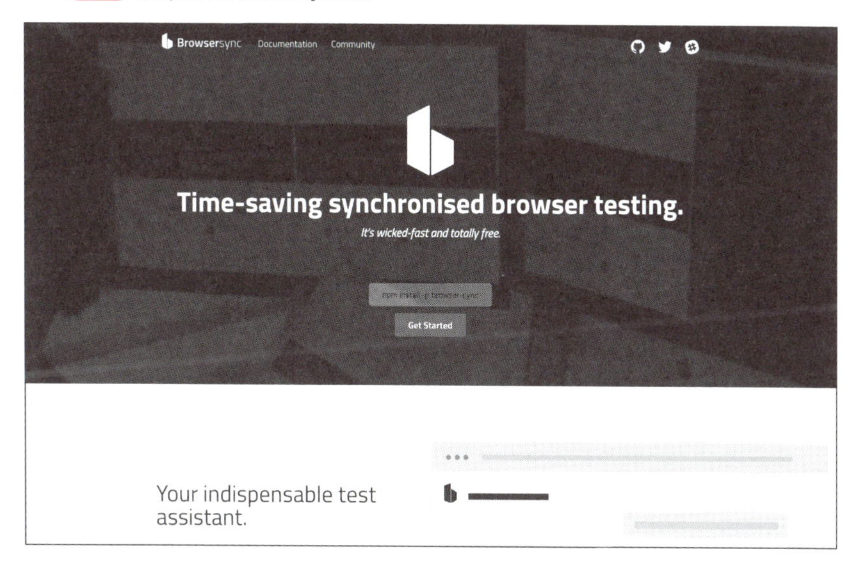

Browsersyncのインストール

Browseysyncをインストールします。

- browser-sync - npm

URL https://www.npmjs.com/package/browser-sync

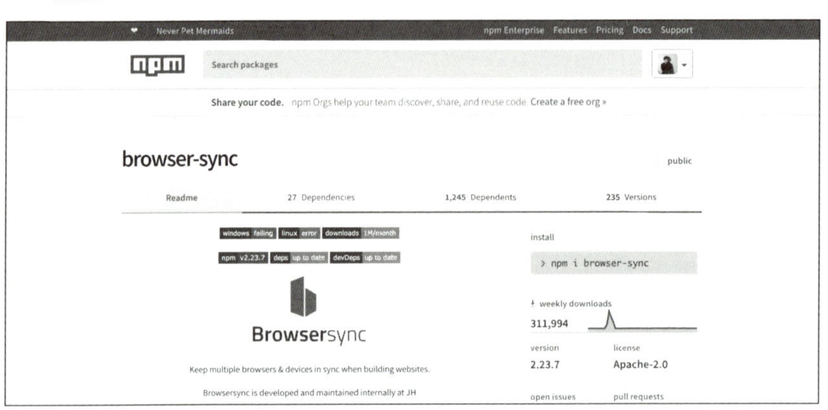

次のコマンドを実行しましょう。

```
$ npm i -D browser-sync
```

browser-syncをbrowsersyncと間違えないようにしましょう。似た名前の別のパッケージがインストールされてしまいます。プロジェクト名に「-」(ハイフン)は付きませんが、パッケージ名は「-」付きで配布されているということに注意です。

タスクの定義

続いてタスクを定義します。

SAMPLE CODE gulpfile.js

```
const gulp = require('gulp')

// ローカルサーバー起動、自動更新用タスク
gulp.task('browser-sync', () => {})
```

タスクを定義したら、コールバック関数内にローカルサーバーを起動するための操作を書いていきます。次のように書き換えましょう。

SAMPLE CODE gulpfile.js

```
const gulp = require('gulp')
const browserSync = require('browser-sync').create()

// ローカルサーバー起動、自動更新用タスク
gulp.task('browser-sync', () => {
  browserSync.init()
})
```

2行目で「const browserSync = require('browser-sync').create()」とすることで、Browsersyncの提供するオブジェクトのcreateメソッドをbrowserSyncとしてgulpfile.jsファイルで使用できるようにしています。

これは、ローカルサーバーを起動するにあたって必要なオブジェクトを読み込むためのメソッドです。ローカルサーバーの起動の際は必ず使うメソッドなので、メソッドの呼び出しまで含めてbrowserSyncとしています。これはBrowsersyncの公式も推奨している記述方法です。

6行目でローカルサーバーを起動するためのメソッドを呼び出しています。initメソッドはBrowsersyncを起動するためのメソッドです。

▶ 起動オプションの設定

この時点でタスクを呼び出すと「スニペットモード」として起動しますが、ここでは扱いません。initメソッドのオプションを設定し、ローカルサーバーとして扱いやすくします。次のように書き換えましょう。

SAMPLE CODE gulpfile.js

```
const gulp = require('gulp')
const browserSync = require('browser-sync').create()

const browserSyncOption = {
  server: './dist'
}

gulp.task('serve', (done) => {
  browserSync.init(browserSyncOption)
  done()
})
```

5行目でbrowserSyncOptionという名前のオブジェクトを定義しています。initメソッドの引数に設定を記述したオブジェクトを渡すとそれに従って設定されたローカルサーバーを起動します。

6行目のserverプロパティは「ローカルサーバーのルートディレクトリ」を指定できます。本書ではコンパイルされたHTMLファイルやCSSファイルはdistディレクトリに配置しているため、ここではdistディレクトリを指定しています。ここでのパス指定はgulpfile.jsからみた相対パスで行っています。

initメソッドでローカルサーバーを立ち上げ終わったら、忘れずに完了を通知しましょう。gulp.srcメソッドのようにストリームを作るメソッドは使っていないので、ここはコールバック関数を最後に呼び出して完了とします。

タスクの実行

次のコマンドを実行しましょう。

```
$ npx gulp serve
```

実行すると次のように出力されます。

```
[17:21:45] Using gulpfile ~/gulp-tutorial/gulpfile.js
[17:21:45] Starting 'browser-sync'...
[17:21:45] Finished 'browser-sync' after 10 ms
[Browsersync] Access URLs:
 -------------------------------------
       Local: http://localhost:3001
    External: http://192.168.11.10:3001
 -------------------------------------
          UI: http://localhost:3002
 UI External: http://192.168.11.10:3002
 -------------------------------------
[Browsersync] Serving files from: ./dist
```

4行目以降はBrowsersyncの情報です。また、同時にブラウザでローカルサーバーのURL（上記の`Local`のURL）が自動で開かれます。開いているのは「`./dist`」ディレクトリ直下です。そこにファイルがない場合は「`Cannot GET /`」と表示されます。

▶ External

`External`のURLは、同一ネットワークに存在する別のデバイスからアクセスするためのURLです。たとえば、同じWi-Fiにつないでいるスマートフォンやタブレットなどからの検証をする際に非常に役立ちます。

▶ UI

UIのURL（http://localhost:3002）を開くと次のような画面が表示されます。

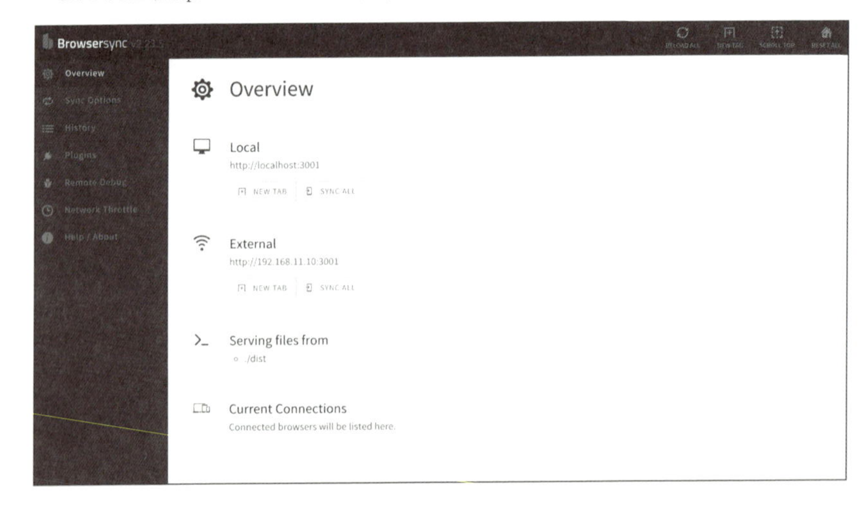

これは、Browsersyncの各種挙動を設定することができます。たとえば、ExternalのURLを使うなどして複数の端末から見ている場合、スクロールやクリック、フォームの動きまで同期して表示させるかの設定や、ネットワーク速度の設定(たとえば、3G回線の表示のされ方をシミュレーションするなど)ができます。右側のサイドバーメニューから各種操作ができるので、確認してみてください。

▶ UI External

External同様、前述のUIの画面へ同一ネットワークに存在する別のデバイスからアクセスするためのURLです。

自動リロード

現時点では、ただローカルサーバーを起動してdistディレクトリ内を見れるようになっただけにすぎません。ここでは、ファイルの変更を検知して自動でブラウザを更新できるようにします。

▶ reloadメソッド

ブラウザを更新するためのメソッドです。このメソッドを呼び出すことで、ブラウザを更新できます。ファイルを監視し、変更をトリガーとして関数を実行できるgulpのwatchメソッドと組み合わせて、ファイルの変更を検知したらreloadメソッドを呼び出すようにします。

次のように、新しくwatchタスクを定義します。

SAMPLE CODE gulpfile.js

```
const gulp = require('gulp')
const browserSync = require('browser-sync').create()

const browserSyncOption = {
  server: './dist'
}

gulp.task('serve', (done) => {
  browserSync.init(browserSyncOption)
  done()
})

gulp.task('watch', (done) => {
  const browserReload = (done) => {
    browserSync.reload()
    done()
  }

  gulp.watch('./dist/**/*', browserReload)
})
```

14行目でブラウザをリロードするための関数を定義します。reloadメソッドを呼び出すだけでOKです。ここでも起動時同様、更新処理が完了したことを通知するために16行目のコールバック関数を呼び出すのを忘れないようにしましょう。ファイルの変更を検知するにはgulp.watchメソッドを使います。

▶ gulp.watchメソッド

gulp.watchメソッドは、ファイルを監視し、対象のファイルが変更されたら特定の関数を実行することができるメソッドです。これがgulpの持つ大きな強みの1つです。

このメソッドを使って、ローカルサーバー直下、すなわちdistディレクトリ以下のファイルが更新されたら、14行目で定義しておいたbrowserReload関数を呼び出してブラウザを更新します。

タスクの連結

今の時点ではローカルサーバーを立てるためのbrowser-syncタスクと、監視・更新を行うwatchタスクの2つがあります。前者が完了していないと後者による更新をかけても表示するサーバーがないという状態になってしまうため、これらは必然的に順番にタスクを実行する必要があります。

しかし、そのために2つのタスクをいちいちコマンドで実行するのは手間がかかります。そのため、gulp上でこれらを順番に実行するように定義します。

▶ gulp.seriesメソッド

gulp.seriesメソッドは、タスク名を渡すことでそのタスクを実行してくれるメソッドです。これを使えば、コマンドライン以外からもタスクを実行できます。seriesとは「直列」という意味です。複数の引数を渡すことができ、渡した順番にタスクを実行します。gulp4系から新しく実装されたメソッドです。gulp4系が以前に比べてタスクの終了に対して厳密になったのはこれらの影響もあります（順番に実行する以上、前のタスクが終わったことが明らかでないと次のタスクを実行できないため）。

次のように追記します。

SAMPLE CODE gulpfile.js

```
const gulp = require('gulp')
const browserSync = require('browser-sync').create()

const browserSyncOption = {
    server: './dist'
}

gulp.task('serve', (done) => {
    browserSync.init(browserSyncOption)
    done()
})

gulp.task('watch', (done) => {
    const browserReload = (done) => {
        browserSync.reload()
        done()
    }
```

```
    gulp.watch('./dist/**/*', browserReload)
})

gulp.task('default', gulp.series('serve', 'watch'))
```

22行目にdefaultタスクを定義します。

このタスクをコマンドラインから実行するとgulp.seriesメソッドが呼び出されます。引数は先に定義しておいたbrowser-syncタスクとwatchタスクを指定します。このように記述することで、指定した順番にタスクを実行してくれます。

タスクの実行

この時点で、defaultタスクを実行すれば自動で2つのタスクが連続で実行されるようになっています。defaultタスクを実行しましょう。次のコマンドを実行します。

```
$ npx gulp
```

実行すると、次のように表示されます。

```
[02:11:55] Using gulpfile ~/gulp-tutorial/gulpfile.js
[02:11:55] Starting 'default'...
[02:11:55] Starting 'serve'...
[02:11:55] Finished 'serve' after 10 ms
[02:11:55] Starting 'watch'...
[Browsersync] Access URLs:
 -------------------------------------
       Local: http://localhost:3001
    External: http://192.168.11.10:3001
 -------------------------------------
          UI: http://localhost:3002
 UI External: http://192.168.11.10:3002
 -------------------------------------
[Browsersync] Serving files from: ./dist
```

「Finished 'serve'」の後に「Starting 'watch' ...」と出力されています。自動で連続実行されていますね。watchメソッドは監視を開始したらずっと監視状態に入ります。

▶ watchの終了

作業を終了するなどのタイミングで監視を解除する場合は、コマンドラインでCtrl+Cキーを押せば終了できます。

FTPアップロードを自動化しよう

Browsersyncでネットワーク内でのブラウザ確認は随分、楽になりました。たとえば、同社内ネットワークなどは、Externalのアドレスを共有するだけでOKです。

しかし、外の非開発者なクライアントへの確認依頼などでは、プレビューサーバーなどにアップロードしてURLを共有し、確認してもらうことも多いでしょう。もちろんGitなどを連携できればいいのですが、難しい場合もあると思います。その度に、都度、FTPクライアントを起動し、ファイルを選んでアップロードするのでは手間がかかります。ここでは、gulpを使ってFTPアップロードを自動化していきましょう。

vinyl-ftpのインストール

FTPアップロードの自動化には以前は**gulp-ftp**というプラグインが使われていましたが、非推奨プラグインとしてリポジトリがまるごとアーカイブされてしまいました。より利便性の高いパッケージとして**vinyl-ftp**（ヴァイナルエフティーピー）というものがありますので、これを利用します。

- vinyl-ftp - npm

  URL https://www.npmjs.com/package/vinyl-ftp

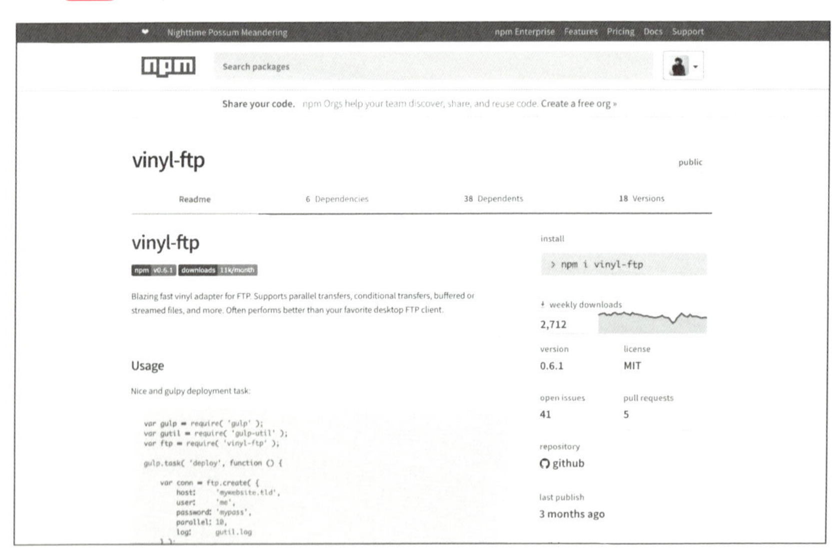

まずは、次のコマンドを実行してインストールします。

```
npm i -D vinyl-ftp
```

タスクの定義

まずは空のタスクを定義します。タスク名はここではftpとします。

SAMPLE CODE gulpfile.js

```
const gulp = require('gulp')

gulp.task('ftp', () => { })
```

▶ 処理の流れ

流れは次の通りです。

- 「gulp.src」メソッドで「アップロードするファイル」を取得し、ストリームにする
- FTPサーバーへ転送する

▶ 最小構成

最小構成は次のようになります。

SAMPLE CODE gulpfile.js

```
const gulp = require('gulp')
const ftp = require('vinyl-ftp')

gulp.task('ftp', () => {
  const ftpConfig = {
    host: 'gulp.gulp.jp',
    user: 'gulp',
    password: 'gulp',
  }

  const connect = ftp.create(ftpConfig)

  const ftpUploadFiles = './dist/**/*'

  const remoteDistDir = 'public_html'

  return gulp.src(ftpUploadFiles)
    .pipe(connect.dest(remoteDistDir))
})
```

▶ パッケージの読み込み

2行目でvinyl-ftpをftpという名前で読み込みます。

▶ アカウント情報の定義

次に、5行目でFTPサーバーのアカウント情報を定義します。オブジェクト形式で記述する必要があります。プロパティはそれぞれ次の表に対応するものを入力します。

プロパティ名	説明
host	FTPSサーバーを入力
user	FTP・WebDAVアカウントを入力
Password	FTP・WebDAVパスワードを入力

▶ createメソッド

11行目では、5行目で定義した情報をvinyl-ftpのcreateメソッドに渡します。createメソッドはvinyl-ftpパッケージの用意したメソッドで、渡されたログイン情報をもとにしたFTP操作用のオブジェクトを作ります。これは今後、connectという名前で扱えるようにしています。

▶ アップロードしたいファイルのパスの定義

13行目ではローカル側にある、FTPサーバーにアップロードしたいファイルのパスを指定しています。今回はdistディレクトリ内のすべてのディレクトリに存在するすべてファイルとしました。

▶ FTPサーバー上のアップロード先の定義

15行目ではFTPサーバー上のアップロードしたいディレクトリを定義しています。ここではサーバーのルートにあるpublic_htmlというディレクトリを指定しています。

▶ アップロード操作

17行目ではgulpによる実際のアップロード操作を記述しています。まず、gulp.srcメソッドでストリームにするのは13行目で定義したftpUploadFilesです。つまり、distディレクトリ以下のすべてのファイルです。そのストリームは、destメソッドに渡されます。destメソッドには15行目で定義したremoteDistDirを渡します。ストリームを返すためのreturnも忘れないようにしましょう。

タスクの実行

この時点で、すでにアップロードが可能です。タスクを実行してみましょう。

```
$ npx gulp ftp
```

アップロード処理が行われ、次のように表示されます。

```
[20:07:22] Using gulpfile ~/gulp-tutorial/gulpfile.js
[20:07:22] Starting 'ftp'...
[20:07:25] Finished 'ftp' after 3.24 s
```

ログの出力

最小構成では「開始」「終了」のタイミングしかコマンドラインに出力されませんでしたが、操作に対するインタラクションがあった方が使う側は安心できます。そこで、ログを出力するようにしましょう。

▶ fancy-logのインストール

ログの出力はfancy-logというパッケージを使います。これは、受け取った文字列をコマンドライン上にタイムスタンプ付きで出力するツールです。

- fancy-log - npm

  URL https://www.npmjs.com/package/fancy-log

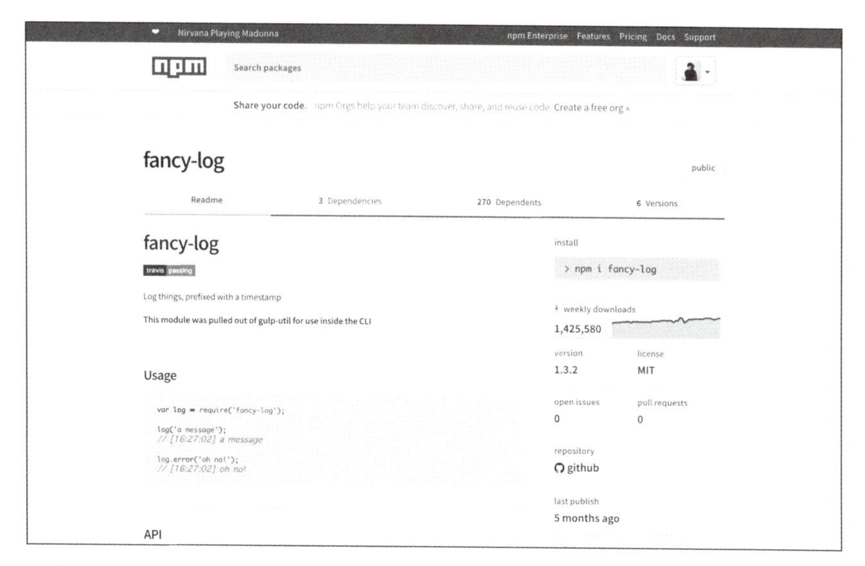

次のコマンドでインストールしましょう。

```
$ npm i -D fancy-log
```

▶ タスクへの組み込み

先ほどの最小構成に次のように追記します。

SAMPLE CODE gulpfile.js

```
const gulp = require('gulp')
const ftp = require('vinyl-ftp')
const fancyLog = require('fancy-log') // 追記

gulp.task('ftp', () => {
  const ftpConfig = {
    host: 'gulp.gulp.jp',
    user: 'gulp',
    password: 'gulp',
    log: fancyLog  // 追記
  }

  const connect = ftp.create(ftpConfig)

  const ftpUploadFiles = './dist/**/*'

  const remoteDistDir = 'public_html'

  return gulp.src(ftpUploadFiles)
    .pipe(connect.dest(remoteDistDir))
})
```

▶ fancy-logの読み込み

3行目に`fancy-log`を読み込む記述をします。`fancy-log`は関数です。これらの関数は以降、`fancyLog`として扱うことができます。

▶ logプロパティの記述

`ftpConfig`に`log`プロパティを追記します。3行目で定義した`fancyLog`関数を記述します。こうすることで、FTPアップロード中のログが`fancyLog`関数に渡されて、コマンドラインに出力されるようになります。

▶ タスクの実行

改めてタスクを実行します。

```
$ npx gulp ftp
```

すると、次のように出力されます。

```
[20:48:48] Using gulpfile ~/gulp-tutorial/gulpfile.js
[20:48:48] Starting 'ftp'...
[20:48:48] CONN
[20:48:49] READY
[20:48:49] MLSD  /
[20:48:49] MKDIR /public_html
[20:48:49] PUT   /public_html/index.html
[20:48:49] UP    100% /public_html/index.html
[20:48:50] Finished 'ftp' after 1.4 s
[20:48:50] DISC
```

3～8行目と10行目が新たに出力されるようになったログです。たとえば、6行目を見ると`public_html`ディレクトリが作成されたことがわかったり、8行目で`index.html`ファイルが100%アップロードされたことがわかったりします。もしアップロードがうまくいかない場合など、このログを参照すると原因がわかりやすくなります。

パフォーマンスの最適化

vinyl-ftpは、アップロードするファイルを取得する際にバッファという方式を使います。バッファとは、データの一時格納に用いる領域です。

しかし、gulpはストリームによるファイル処理を行うため、バッファを用いることでパフォーマンスを損ねてしまうことが指摘されており、公式ページでもバッファ機能をオフにすることが推奨されています。ここでは、その方法を解説します。

▶ ファイル取得時の設定の定義

次のように書き換えます。

SAMPLE CODE gulpfile.js

```
const gulp = require('gulp')
const ftp = require('vinyl-ftp')
const fancyLog = require('fancy-log')

gulp.task('ftp', () => {
  const ftpConfig = {
    host: 'gulp.gulp.jp',
    user: 'gulp',
    password: 'gulp',
    log: fancyLog  // 追記
  }

  const connect = ftp.create(ftpConfig)

  const ftpUploadFiles = './dist/**/*'

  const ftpUploadConfig = {  // 追記
    buffer: false
  }

  const remoteDistDir = 'public_html'

  return gulp.src(ftpUploadFiles, ftpUploadConfig)  // 追記
    .pipe(connect.dest(remoteDistDir))
})
```

▶ バッファをオフにする

17行目から、アップロードファイルの取得時の設定を定義しています。オブジェクト形式で、bufferプロパティを記述します。値をfalseとします。

23行目のgulp.srcメソッドの第2引数に、17行目で定義したftpUploadConfigオブジェクトを渡すことで、バッファを使用しない処理に変わります。

これで、gulpにおけるパフォーマンスの最適化は完了です。

差分のあるファイルのみをアップロードする

タスクを実行するたびに毎回、すべてのファイルをアップロードしていては時間がかかりすぎて確認作業が遅れます。出先作業では通信容量の残高にも大きく影響してきます。そこで、ローカルとサーバーのファイルを比較し「最終更新時間の新しいもの」「ファイル容量が変化したもの」のみをアップロードするようにしていきましょう。

▶処理の追加

次のように書き換えます。

SAMPLE CODE gulpfile.js

```
const gulp = require('gulp')
const ftp = require('vinyl-ftp')
const fancyLog = require('fancy-log')

gulp.task('ftp', () => {
  const ftpConfig = {
    host: 'gulp.gulp.jp',
    user: 'gulp',
    password: 'gulp',
    log: fancyLog
  }

  const connect = ftp.create(ftpConfig)

  const ftpUploadFiles = './dist/**/*'

  const ftpUploadConfig = {
    buffer: false
  }

  const remoteDistDir = 'public_html'

  return gulp.src(ftpUploadFiles, ftpUploadConfig)
    .pipe(connect.newer(remoteDistDir)) // 追記
    .pipe(connect.dest(remoteDistDir))
})
```

▶newerメソッド

リモートサーバーのファイルと比較し、更新日時がより新しいファイルのみを残したストリームに変換します。あくまでストリームを変換するだけで、このメソッド自体にはアップロードを行う機能はありませんので注意しましょう。

24行目の記述によって、23行目で取得した「distディレクトリの中のすべてのファイルのストリーム」は「distディレクトリの中のすべてのファイルの中で、サーバーのファイルより更新日時が新しいファイルのストリーム」に変換されます。それらは25行目のdestメソッドでサーバーにアップロードされます。

▶ differentSizeメソッド

newerメソッドが更新時間を見るのに対し、differentSizeメソッドはファイルの容量を比較します。書き出し処理によっては「まったく同じものをただ書き出し直しただけ」というパターンも発生します。まったく同じ場合は容量が変化しないため、このフィルタを使うと「本当に変化があったファイル」を抽出してアップロードできます。ただし、変更はしたがプラスマイナスで容量が変化しなかったという場合は「変化なし」とみなされてしまうため、注意しましょう。

▶ newerOrDifferentSizeメソッド

newerOrDifferentSizeメソッドは、newerメソッドおよびdifferentSizeメソッド両方の条件を加味します。

いくつかの選択肢はありますが、いずれにしても、プロジェクトやコンパイラの性質を考慮して適切なものを選択するようにしてください。

webpackを利用しよう

gulpと同列に話題にあがることの多いwebpack。
特にJavaScriptを使った開発において、大きな力を発揮します。複雑なアプリケーションのみでなく、通常のウェブ制作でも活躍します。
エンジニアが扱うものというイメージが強いかもしれませんが、1つひとつ進めれば大丈夫です。
この機会に、チャレンジしてみましょう。

webpackの概要

webpackとは「モジュールバンドラ」と呼ばれるツールです。これもgulpと同様、Node.jsで動きます。

- webpack
  URL https://webpack.js.org/

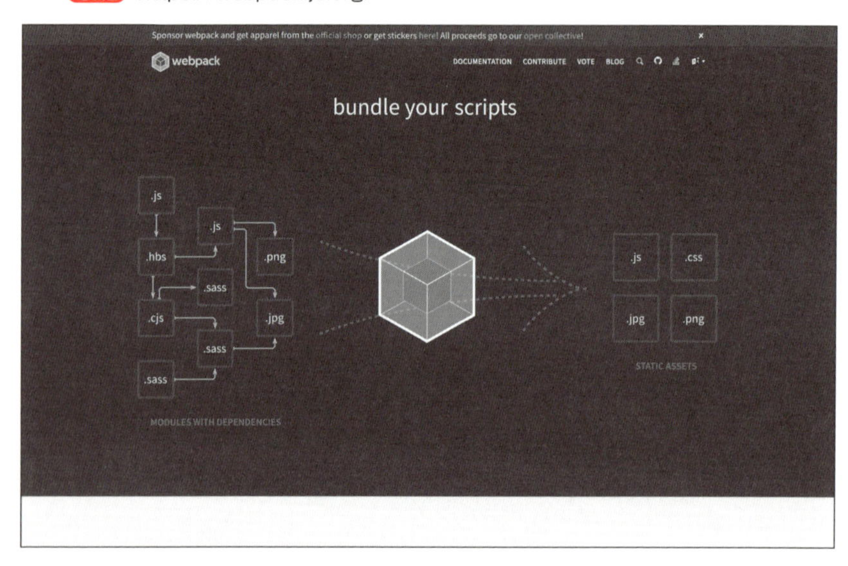

モジュールバンドラとは

モジュールバンドラとは、簡単にいうならば、JavaScriptを1つにまとめあげることができるツールです。

バンドラの語源は**bundle**で「束ねる」という意味です。

gulpにおいても、gulpをはじめgulp-sassやgulp-postcssなど多くのモジュールを使いました。これらは`require`関数を使って`gulpfile.js`に集約されていきました。

require関数は、Node.jsに搭載された機能です。したがって、ブラウザで使うJavaScriptではこの記法が使えません。たとえば、ブラウザでは`common.js`を読み込み、その中でjQueryなどを`require`関数で読み込む……ということはできないのです。

しかし、**「一旦、Node.js側で読み込み、変換を行う」という方法なら、require関数でJavaScriptをまとめてしまうことが可能です。**

これを使えば、jQueryプラグインなどもコマンドでインストールし、`require`関数を使って読み込むということができます。gulpでsassを使いたいときにgulp-sassをインストールして読み込むだけで済んだのと同じように扱えます。

Babelの概要

Babelはブラウザ間の動く・動かないの差異を解決するためのツールです。

ECMAscriptと問題点

ECMAScriptとは、JavaScriptの標準仕様です。Ecma Internationalという団体のもとで手続き・策定が行われています。

昨今の大きな変化として、ES2015が策定されました。これは「こういう書き方をしたら、こういう動きをするようにしよう」という仕様が策定されたということです。

仕様が勧告されると、各ブラウザベンダーはその仕様に基づいてブラウザがその書き方を解釈し、仕様通りに動くように実装します。

昨今では、ES2015というワードが話題に挙げられることが非常に多いです。これはES2015の前の**ES5**というという仕様から6年ぶりの勧告であったことで、多くの要素が追加されたことによります。

ES2015以降は**ES2016**、**ES2017**と毎年アップデートを行う方針になっています。

ES2015の勧告以降、毎年新しい仕様が勧告されています。しかし、その仕様をブラウザが解釈し、実際に動かなければ意味がありません。

新しい書き方や機能を使いたくても、サポート対象になっているブラウザがそれを実装していなければ使えないのです。

そこでネックになってくるのが、Interner Explorerです。サポート体制に入ったInternet Explorer 11が今後、新しい仕様を追いかけて搭載していくことはありません。また、モダンブラウザであってもすべてのブラウザが足並みをそろえて全部の仕様を搭載してくれるわけでもありません。

つまり、ベンダープレフィクス付きのCSSプロパティと同じことが発生します。「このブラウザでは動くけれど、このブラウザでは動かない」という状態が起こります。

Babelとは

Babelは「トランスパイラ」というカテゴリに分類されます。Babelはツール単体として存在するものですが、ファイルをまとめあげる機能を持つwebpackとセットで使われることが多いため、ここで紹介します。

- Babel · The compiler for writing next generation JavaScript
  URL https://babeljs.io/

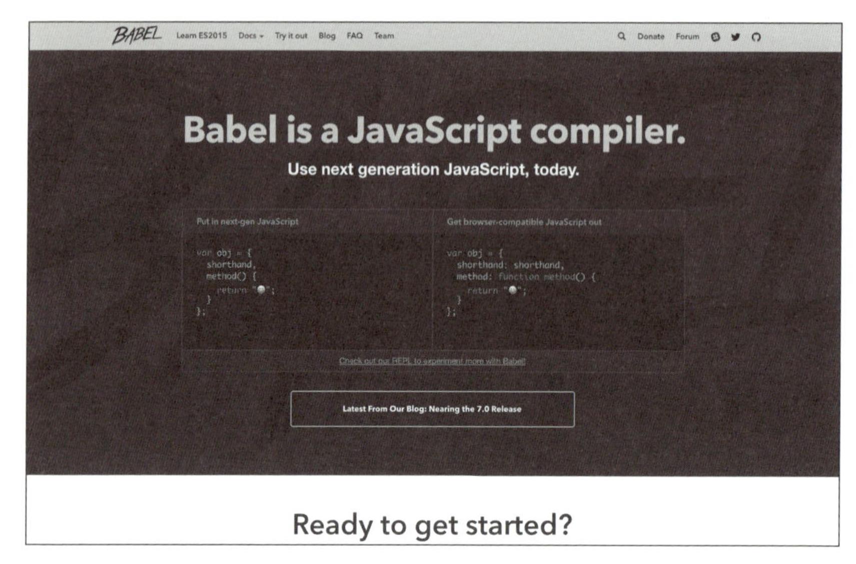

具体的には、**BabelはES2015以降の記述を、動きは変えずにES5までの書き方に変換するツールです。**

ES5であればIE11でも動きます。また、IE11だけのために存在しているのではありません。モダンブラウザであってもこの書き方はまだ実装されていない、という場合にも有効です。

COLUMN コンパイルとトランスパイル

Babelは、JavaScriptをJavaScriptに変換します。同じ言語の間で書き換えるので「**トランスパイル**」と呼ばれます。

本書でもたびたび登場していますが、**コンパイル**とは「高級言語を低級言語に変換すること」をいいます。

ここでの「高級言語」「低級言語」とはプラグラミング用語として存在する言語です。それぞれ次のような意味があります。

- 高級言語:人間がわかりやすいような形にされた言語
- 低級言語:機械がわかる形の言語

たとえば、CSSとSassの関係でいうと次のようにもいえます。

- CSSはブラウザが解釈できる言語なので、低級言語
- Sassは人間が使いやすいように作られた言語で、高級言語

言語を比較してどちらが劣っているという意味ではありません。

webpackの基本的な使い方

実際にwebpackを使っていきましょう。

webpackのインストール

webpackをインストールしましょう。次のパッケージをインストールします。

- webpack - npm

URL https://www.npmjs.com/package/webpack

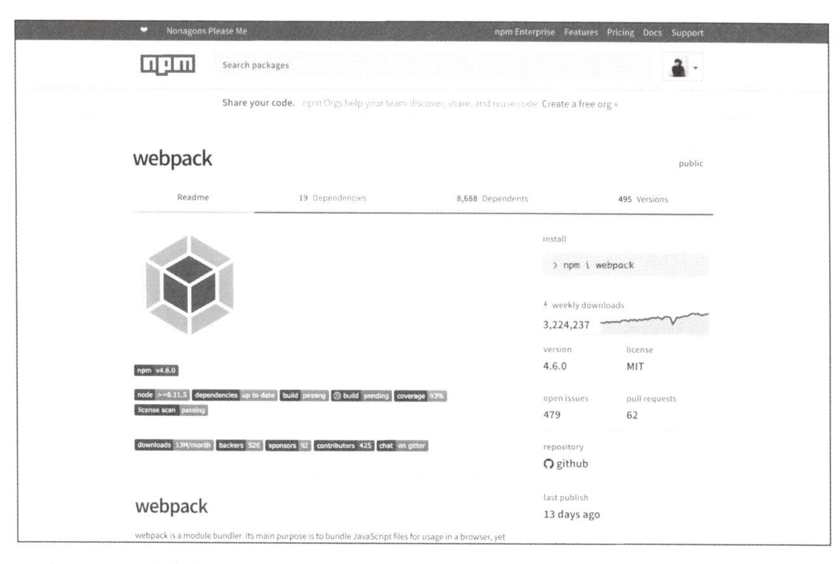

次のコマンドを実行しましょう。本書ではwebpackのバージョン4系に即した説明を行います。

```
$ npm i -D webpack
```

webpackの起動

インストールが完了したら起動します。

```
$ npx webpack
```

起動すると、次のように出力されます。

```
The CLI moved into a separate package: webpack-cli
Would you like to install webpack-cli? (That will run npm install -D webpack-cli) (yes/NO)
```

webpack-cliという、コマンドラインからwebpackを操作するツールを別途インストールする必要があります。この状態で「y」を入力してReturnでインストールが開始します。

インストール完了後、webpackが自動で起動されます。

```
+ webpack-cli@2.0.15
added 311 packages in 21.967s
Hash: c408008f03d425408fbd
Version: webpack 4.6.0
Time: 97ms
Built at: 2018-04-30 14:55:02

WARNING in configuration
The 'mode' option has not been set, webpack will fallback to 'production' for this value. Set
'mode' option to 'development' or 'production' to enable defaults for each environment.
You can also set it to 'none' to disable any default behavior. Learn more: https://webpack.
js.org/concepts/mode/

ERROR in Entry module not found: Error: Can't resolve './src' in '/Users/nayu/gulp-tutorial'
```

まだ何も設定を行なっていないので、エラーが出力されます。

▶modeオプションについて

webpackは4系から起動時にmodeオプションでモードを選択する必要があります。モードにはproductionとdevelopmentがあります。

実際にサーバーにアップロードする際などはproductionのモードを使います。スクリプトの圧縮など、あらゆる最適化を行ったファイルが書き出されます。

開発時はdevelopmentのモードで行います。ファイルの監視と反映が即時行えるwatch機能が使えます。

たとえば、productionで起動する場合は次のようにします。

```
$ npx webpack --mode production
```

これを実行すると、再度、別の警告が表示されます。

```
ERROR in Entry module not found: Error: Can't resolve './src' in '...'
```

「Entry module」とは、最初に読み込むべきファイルが見つからないという状態です。これらもコマンドラインから指定はできますが、設定ファイルに記述することもできます。読み込むファイルはmodeのように都度、切り替える必要がないので、ファイルに記述します。

watchの利用

gulpでも使ったwatchは、webpackでは起動時に「-w」オプションを付けることで実行します。

```
$ npx webpack --mode development -w
```

開発中は「-w」オプションを付けて起動しておくと便利です。

npm scripts

package.jsonファイルにscriptsという項目を記述すると、コマンドをショートカットのように登録できます。たとえば、webpackをproductionおよびdevelopmentモードで起動するコマンドを次にように記述します。

SAMPLE CODE package.json

```
{
  "description": "...",
  "repository": "...",
  "scripts": {
    "prod": "webpack --mode production",
    "dev": "webpack --mode development -w"
  },
  (省略)
}
```

npxコマンドと同様に、スクリプトファイルへのパスを書かなくてもコマンド名のみで起動できます。

記述した状態で、それぞれのコマンドは次のようにnpm runコマンドで呼び出せます。

```
$ npm run prod
```

```
$ npm run dev
```

こうすることで、長いコマンドをいちいち入力することなく、コマンドライン操作が行えます。

COLUMN サンプルコードについて

サンプルコードには、前章で設定したgulpもnpm scriptsで呼び出せるようにしたものを掲載しています。

また、「npm-run-all」というモジュールを用いてnpm startのコマンドのみでgulp/webpackともに起動できるように設定しています。

- npm-run-all - npm

  URL https://www.npmjs.com/package/npm-run-all

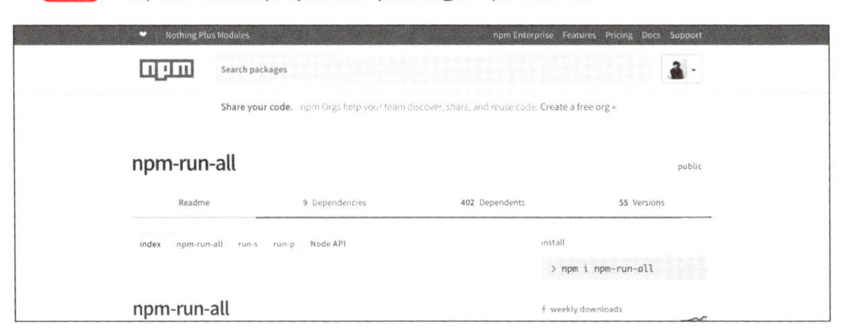

webpackを設定する

webpackの設定はwebpack.config.jsというファイルに記述します。

webpack.config.jsの作成

まずは空のwebpack.config.jsを作りましょう。

この時点でのディレクトリ構成は次のようになっています。

```
.
├── node_modules/
├── package-lock.json
├── package.json
├── src
│   └── js
│       └── main.js
└── webpack.config.js
```

ここに設定を記述していきます。

設定を記述する

webpack.config.jsは、JavaScriptで記述します。設定が記述されたwebpack.config.jsをwebpackが読み込むことで設定が有効になり、動作します。

▶ entryプロパティ

webpackは「エントリーポイント」を決める必要があります。エントリーポイントとは、依存関係の解析を開始するファイルです。何にも依存されていないファイルになることが一般的でしょう。

エントリーポイントのファイルパスをentryプロパティに記述します。今回は/src/js/app.jsにJavaScriptを書いていくので、そのファイルパスにします。

SAMPLE CODE webpack.config.js

```
module.exports = {
  entry: './src/js/app.js',
}
```

記述したら、webpackを起動します。先ほど登録したnpm scriptsを使います。

```
$ npm run prod
```

これはnpx webpack --mode productionを実行することと同じです。起動すると、処理結果が表示されました。

```
Hash: 0b32ee714cee3c8b25d4
Version: webpack 4.6.0
Time: 273ms
Built at: 2018-04-30 15:28:09
  Asset      Size  Chunks             Chunk Names
main.js  545 bytes       0  [emitted]  main
Entrypoint main = main.js
[0] ./src/js/main.js 0 bytes {0} [built]
```

webpack4では、デフォルトで書き出し先が`dist`ディレクトリになります。また、ファイル名は`main.js`という名前で書き出されます（これらは設定で変更できます）。

▶ module.exportメソッド

JavaScriptを別にファイルで読み込むためには`module.exports`というメソッドを使います。このメソッドを使うことで、別のJavaScriptから`require`関数を使って読み込めるようになります。

ここでは、webpack本体のプログラムがこの`webpack.config.js`を読み込んで使えるようになります。

ここまでが最小の構成です。

SECTION-036

プラグインのインストール

読み込み・書き出しができるようになったので、実際にソースコードの処理を行う設定をしていきます。

loaderとは

loaderは、webpackにおける読み込み用モジュールです。「データをロードする」などの"load"を行うので「loader」です。

色々なloaderがありますが、ここではBabel-loaderを使います。

Babel-loader

Babel-loaderは、JavaScriptファイルを読み込み、Babelで変換するためのwebpack用プラグインです。

通常、Babel単体で使うとすれば、コマンドライン上での操作を行います。このloaderを使うと、webpackでバンドルにBabelの処理を混ぜ込むことができます。

Babelのインストール

Babelをwebpackで使う環境を作っていきます。

babel-loaderのインストール

webpackでbabelを使うためのプラグイン**babel-loader**をインストールします。

- babel-loader - npm

URL https://www.npmjs.com/package/babel-loader

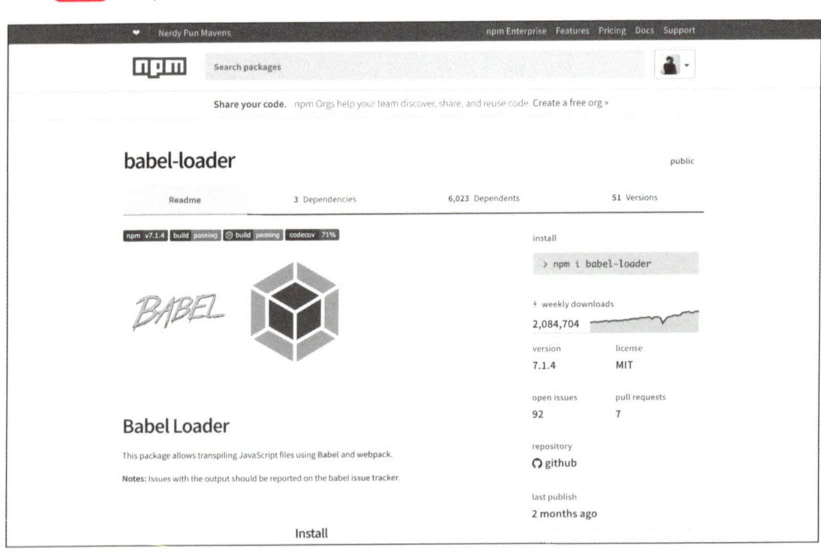

次のコマンドでインストールします。本書では、babel-loaderのバージョン8系に沿った説明を行っていきます。

```
$ npm i -D babel-loader@next
```

執筆時点では8系のインストールには@nextが必要です。

URL https://github.com/babel/babel-loader/releases

▶ babelのインストール

webpackとbabelをつなぐプラグインだけでbabelは使えません。babelの本体モジュールもインストールします。

- @babel/core - npm

URL https://www.npmjs.com/package/@babel/core

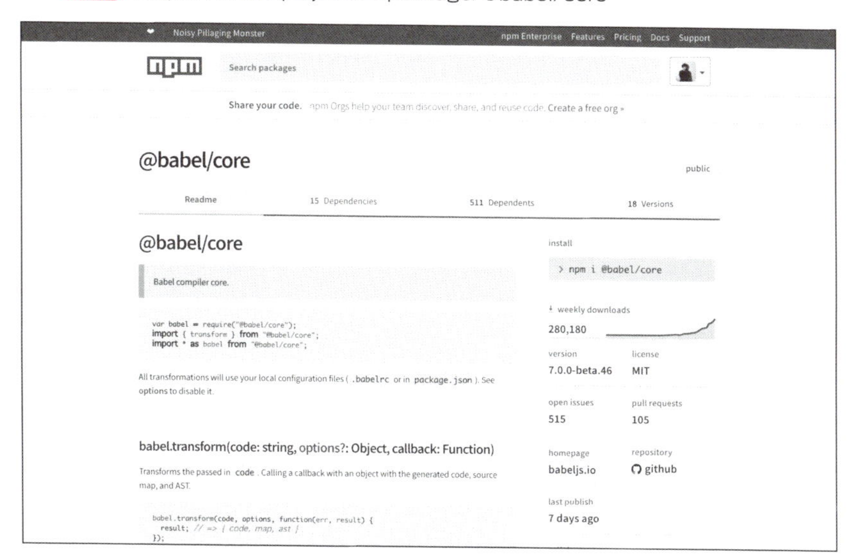

これはBabelのトランスパイル用プログラムだけを抜き出したモジュールです。

ファイルのやり取りなどはwebpackおよびbabel-loaderが行うため、Babel一式は不要となります。トランスパイル用のプログラムだけでOKです。

次のコマンドでインストールします。

```
$ npm i -D @babel/core
```

babel-loaderの組み込み

現在、webpack.config.jsのオブジェクトには、次の2つのプロパティがあります。

- entry
- module

loaderを導入するには、あらたにmoduleというプロパティを追加します。moduleプロパティはオブジェクトで記述します。

SAMPLE CODE webpack.config.js

```
module.exports = {
  entry: './src/js/main.js',
  module: {} // 追記
}
```

このmoduleプロパティで、モジュールのソースコードを扱うための処理を行っていきます。

loaderによる処理の流れ

loaderによる処理は、次のような流れが基本です。

1. どういう条件を満たすファイルに対して
2. どのloaderを使うのか

これに加えて、次のような指定を行ってカスタマイズします。

- loaderのオプションを指定
- 除外するファイルを指定

では、loaderの適用ルールを記述していきましょう。

module.rulesプロパティ

loaderの適用ルールはmodule.rulesプロパティに記述していきます。まずは次のように追記します。

SAMPLE CODE webpack.config.js

```
module.exports = {
  entry: './src/js/main.js',
  module: {
    rules: [] // 追記
  }
}
```

rulesプロパティを追加しました。ここに、次の2つの項目を記述します。

- どういう条件を満たすファイルに対して
- どのloaderを使うのか

loaderの読み込み

実際に「どういう条件を満たすファイルに対して」「どのloaderを使うのか」を決めていきます。

今回は、JavaScriptファイルを読み込んでbabelで変換する処理を行うという目的があります。よって、条件は次のようになります。

- 条件：「.js」ファイル
- loader：babel-loader

これを設定に組み込むには、次のように記述します。

SAMPLE CODE webpack.config.js

```
module.exports = {
  entry: './src/js/main.js',
  output: {
    filename: 'bundle.js'
  },
  module: {
    rules: [
      {                       // 追記
        test: /\.js$/,        //
        use: 'babel-loader'   //
      }                       //
    ]
  }
}
```

▶ testプロパティ

9行目のtestプロパティは、適用するファイルの条件を記述するためのプロパティです。今回は「.jsという拡張子を持つファイル」という表現をしたいところです。

gulpで行ったように「*.js」と書きたいところです。しかし、webpackはglobによる表現は搭載されていません。そのため、ここでは正規表現を用いて「.js」ファイルを指定します。

▶ 正規表現

正規表現とは、記号で表した文字列のパターンです。検索などで、特定の文字パターンに一致するものを探す際などに使えます。

「.js」ファイルを対象にしたいので、「末尾が.js」という条件でファイル指定をします。

まず、JavaScriptでは正規表現を書く際に「スラッシュで囲む」という方法をとります。

```
test: /.js/
```

続いて、「.jsで終了する」という条件を正規表現で表します。「末尾」を表すのは「$」なので、次のようにします。

```
test: /.js$/
```

正規表現において「.」は「改行以外のどの一文字にもマッチ」という特殊文字として扱われます。ただの文字として使うには、これが特殊文字ではないということを示す記号を付ける必要があります。「特殊文字を特別でなく、文字の通りに扱う」ための記号は「\」（バックスラッシュ）です。

すなわち、このように書き換える必要があります。

```
test: /\.js$/
```

これで、「.js」で終了するファイルをloaderによる処理の対象とすることができました。

▶ useプロパティ

useプロパティには、testプロパティで対象としたファイルに適用するloaderを記述します。ここではbabel-loaderを記述します。

@babel/preset-envとは

この状態でwebpackを起動したところで、変換処理は行われません。Babel-loaderを使う際は、変換用の設定ファイルが必要です。それが@babel/preset-envです。

- @babel/preset-env - npm

URL https://www.npmjs.com/package/@babel/preset-env

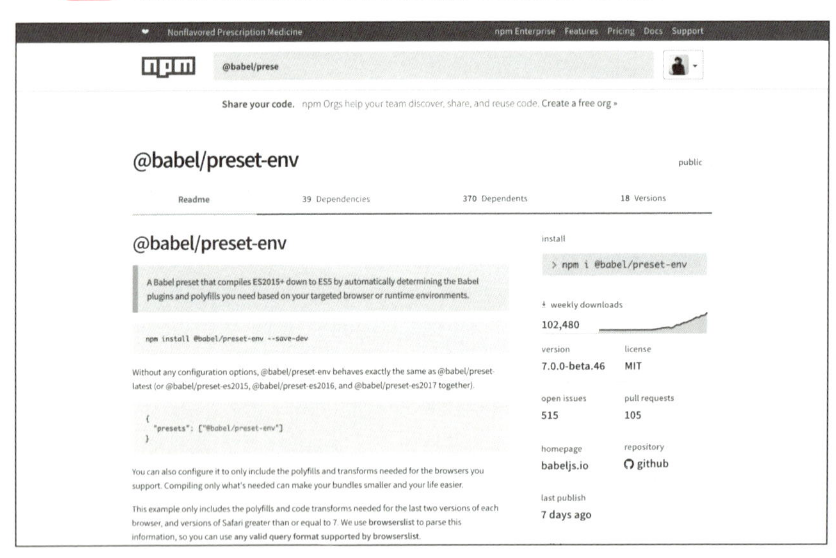

なお、執筆時点では、babel-preset-ES2015のような年ごとのパッケージを記述している場所も多く見られます。@babel/preset-envはそれらに取って代わる動きをするため、こちらを使用することを推奨します。

▶ @babel/preset-envのインストール

まずは次のコマンドで@babel/preset-envインストールしましょう。

```
$ npm i -D @babel/preset-env
```

インストールが完了したら、webpack.config.jsファイルのmodule.rulesプロパティ内で定義したオブジェクトに、インストールした@babel/preset-envを使用することを記述します。

SAMPLE CODE webpack.config.js

```
module.exports = {
  entry: './src/js/main.js',
  output: {
    filename: './dist/bundle.js'
  },
  module: {
    rules: [
      {
        test: /\.js$/,
        use: {
          loader: 'babel-loader',
          options: {
            presets: ['@babel/preset-env']
          }
        }
      }
    ]
  }
}
```

Ⅲ useプロパティ

module.rulesの中のuseプロパティがオブジェクトに変わっています。useプロパティは、オプション付きで設定する場合はオブジェクトで記述します。

useオブジェクトにはloaderとoptionsというプロパティがあります。

▶ loaderプロパティ

loaderはプロパティは、引き続きbabel-loaderを指定します。

▶ options.presetsプロパティ

options.presetsプロパティに先ほどインストールした@babel/preset-envを指定しましょう。これで、babel-loaderは@babel/preset-envを用いた処理を行います。

ES2015以上の仕様で記述してもES5に変換されるようになります。

webpackの起動

それでは、実際にwebpackを使ってbabel-loaderの動作を確認してみましょう。

▶ サンプルコード

次のコードはES2015で書かれたコードです。これをwebpack.config.jsファイルでentryに指定したsrc/js/main.jsに記述します。

SAMPLE CODE main.js

```
const babel = () => {
  console.log('hello world')
}


babel()
```

1行目の記述はES2015を2つ使っています。

1つは、constです。本書では自然に使ってきていましたが、これもES2015の記法です。gulpを動かすNode.jsはサーバーサイドJavaScript環境であるため、対応ブラウザを気にする必要がありません。

しかし、ブラウザでいうとIE10以下は対応していません。

もう1つは「=>」です。これはアロー関数といって、従来までのfunction()の新しい書き方です。これはIE11以下が対応していません。

これらを、babelを使ってES5の記述に変換してみましょう。

▶ 起動

サンプルコードをES5に変換するため、webpackを起動します。

```
$ npm run prod
```

変換して出力されたファイルを確認してみましょう。ここではdistディレクトリにmain.jsファイルが出力されます。

これで、webpackでbabel-loaderを使ってトランスパイルできるようになりました。

SECTION-037

ライブラリの管理

ここまでで、babelによるES5へのトランスパイルができるようになりました。これはあくまでbabelの機能を使っているにすぎません。ここからはwebpackによって受けられる恩恵を紹介します。

webpackを利用するメリット

webpackを利用すると、次のようなメリットがあります。

jQueryプラグインの管理

たとえば、Webデザインの現場では、jQueryを使うことが多くあるでしょう。その場合、jQueryの読み込みや、jQueryプラグインの使用などであっちこっちからライブラリをかき集める必要がでてくることがあります。

それらを適切なディレクトリに配置し、順序に気を使いながら`script`要素で読み込むという風にしていくと、管理が煩雑になりがちです。

JavaScriptの分割

また、記述が多くなってくると。見やすさを考慮して分割したいという場合もあるでしょう。これを実現しようとするとき、現状ではファイルを分割して`script`要素を使って読み込むことになります。

ブラウザで動くJavaScriptは、Node.jsとは異なり、JavaScriptファイル内で別のJavaScriptファイルを読み込むことができません。

これは`require`関数はNode.js特有の機能であることによります。

webpackでバンドルする

webpackを使うならば、`entry`プロパティに指定したファイル(前述の`src/js/main.js`がこれに当たります)内に`require`関数で読み込み処理を書いておくと、webpackで1つにまとめられます。また、その際に「どのプラグインはどのライブラリが必要」などの部分もうまく解決されます。

これによって、次のような問題が解決できます。

- いくつもjQueryを読み込んでしまう
- 読み込むべきスクリプトファイルの数が多すぎる

jQueryでのライブラリ管理の実践

それでは、JavaScriptの中でも抜群に使われているjQueryを例に、ライブラリを扱ってみます。

jQueryも、ライブラリの1つです。jQueryを読み込むことでjQueryオブジェクトのメソッドが使えるようになるのです。

gulpを読み込むことで`gulp.src`メソッドや`gulp.task`メソッドが使えるようになったのと同じです。

▶ jQueryのインストール

まずはjQueryをインストールしましょう。

● jquery - npm

URL https://www.npmjs.com/package/jquery

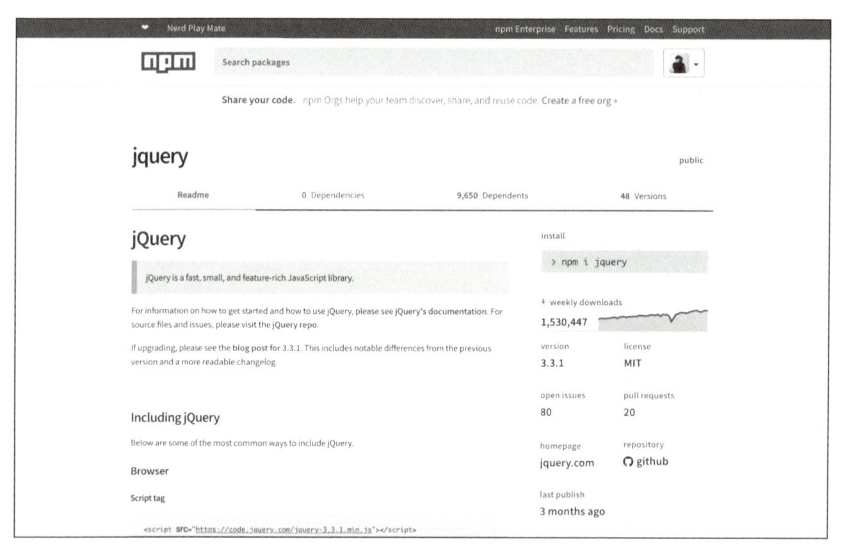

jQueryは、直接、Webページの動作に関わります。gulpのプラグインのように「-D」を付ける必要はありません。なお、`jQuery`と`jquery`で別々のライブラリがインストールされるので注意しましょう。ここで入力するのは、すべて小文字です。

```
$ npm i jquery
```

jQueryをインストールしたら、`main.js`ファイル上で読み込みます。読み込むにあたり、JavaScriptを読み込むには大きく2つの方法があります。

▶ import

`import`とは、ES2015で定められた仕様です。しかし、あくまで仕様であり、現状全てのブラウザがこれを解釈できるわけではありません。Safari、Chrome、Firefox、Edgeあたりは実装に向けて取り組まれていますが、IE11はこれを待たずサポート体制に入ってしまいました。

そのため、現実的にはこれもBabelでトランスパイルが必要でしょう。

▶ jquery

jQueryは、普段、script要素を使用して読み込む場合、ただ読み込むだけで「$」およびjQueryという関数が使えるようになります。

その関数に「'button'」や「.js-alert」のような「セレクタ」を引数として渡すと、渡したセレクタをjQueryオブジェクトを作って返してくれます。そのおかげで「$('button')」や「jQuery('.js-aleart')」はオブジェクトとして扱えます。

一方、今、扱おうとしてるapp.jsファイルは、HTMLではないのでscript要素は使いません。ここでは、import宣言を使って読み込みます。

たとえば、先ほどインストールしたjQueryを読み込んで使うには次のように記述します。

SAMPLE CODE main.js

```
import $ from 'jquery'

$('button').on('click', () => {
  window.alert('hello webpack')
})
```

1行目は先ほどインストールしたjqueryモジュールを読み込んでいます。importを使う際は、インストールしたモジュール名を指定するだけでOKです。モジュール名を指定するとパスを自動で解決してくれます。

jqueryモジュールの内部では、各種関数がmodule.exportsの対象とされています。これにより、別のJavaScriptファイル内で読み込むことができるようになっています。

webpackがwebpack.config.jsを読み込むのと同じ原理です。

ここでは、読み込んだ関数を「$」として使えるようにしています。「$」関数に引数としてセレクタを渡すと、そのセレクタをjQueryオブジェクトにして返されます。これは、普段、jQueryを使うのとまったく同じ使い方です。

そのjQueryオブジェクトには、便利なメソッドがたくさん搭載されています。私たちは、jQuieryを使う際はそれらのメソッドを使っています。

▶ require関数

requireも、import同様にmodule.exportsされている関数やオブジェクトを読み込みます。記述方法については、gulpfile.jsで書いてきたようなものです。

```
const $ = require('jquery')

$('button').on('click', () => {
  window.alert('hello webpack')
})
```

このrequire関数はECMAScriptで策定された仕様ではありません。Webブラウザ環境以外でのJavaScriptについての使用を定めるためのプロジェクトであるCommonJSの中で定められた仕様です。

- CommonJS: JavaScript Standard Library

  URL http://www.commonjs.org/

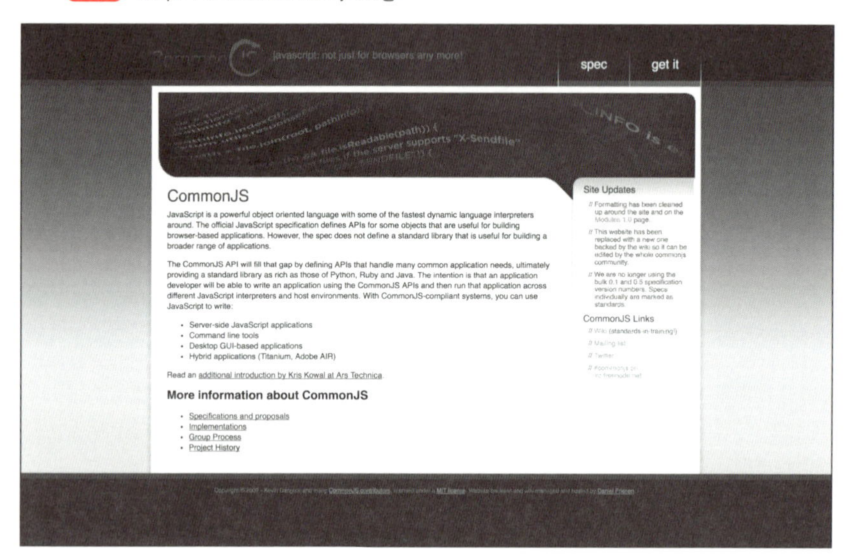

ここで定められた仕様であるrequireは、Node.jsに採用されました。クライアントサイドでは、仕様として定まることはないものの、require.jsというCommonJSの一部を実装したようなライブラリが生まれたりもしました。

その後、遅れてES6でimportの仕様が策定されました。

つまり、どちらも読み込みシステムではあるのですが、次のように違いがあります。

- Node.jsではrequireが機能として存在している
- クライアント側のJavaScriptではES6が仕様として存在している

gulpはNode.jsで動くプログラムなのでrequireを使用しました。

クライアントサイドでjQueryを使うために書いていたmain.jsは、クライアントで動かすのでimportを使用する必要があります。

しかし、ここではbabelによる変換が入ります。BabelはNode.jsで動くため、require関数を解釈できます。そのため、mian.jsはimportとrequireの両方をも使えるということになります。

Babelによる変換を行うのであれば、gulpfile.jsファイルでimport宣言を使うことも可能です。

jQueryプラグインの利用

さて、jQueryの読み込み方と、使い方がわかりました。これで、自身でjQueryを書くことはできます。続いては、jQueryの醍醐味の1つ「プラグインの利用」についてです。

jQueryプラグインを使うと、メソッドを呼び出すだけでカルーセルが実装できたり、派手なアニメーションを実装できたりします。

準備もプロジェクトごとに用意されたCSS、JavaScript、画像ファイルなどを読み込むだけと手軽です。

便利ではありますが、公式サイトからダウンロードして適切に読み込む準備をして……とする必要があり、意外に手間はかかります。これらも、npmからインストールし、webpackで1つにまとめあげてみましょう。

▶ slick

例としてslickを導入します。slickとは、jQueryで動くスライダープラグインです。

- slick - the last carousel you'll ever need

URL http://kenwheeler.github.io/slick/

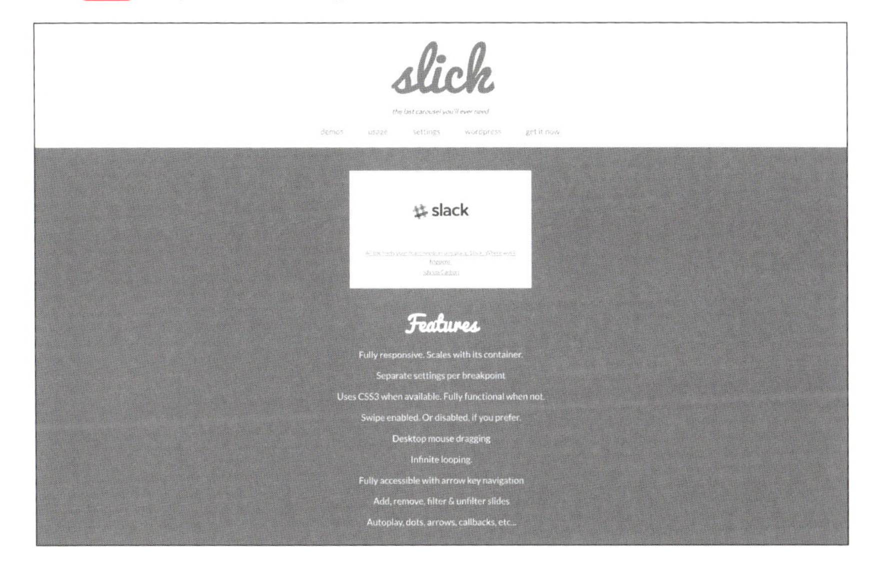

▶ プラグインのインストール

Slick-carouselというモジュールをインストールしましょう。

- slick-carousel - npm

URL https://www.npmjs.com/package/slick-carousel

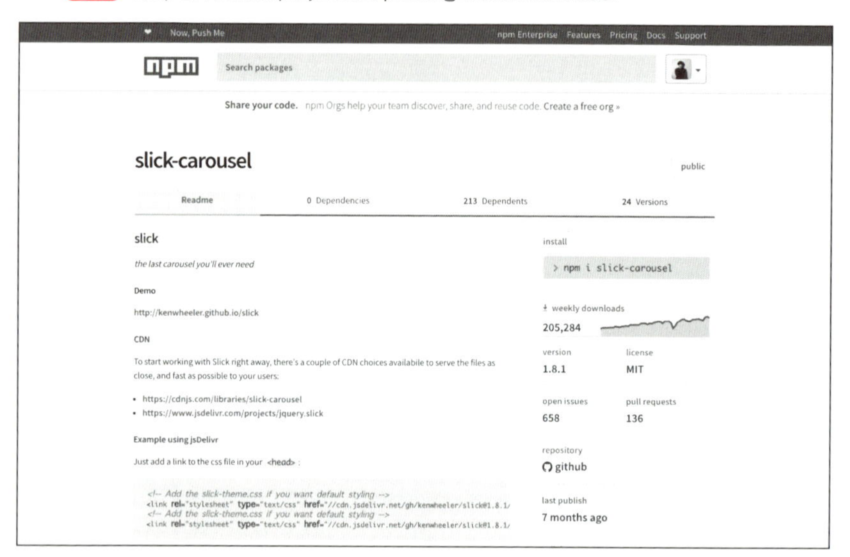

次のコマンドを実行しましょう。

```
$ npm i slick-carousel
```

▶ プラグインの読み込み

main.jsに次のように記述します。

SAMPLE CODE main.js

```
import $ from 'jquery'
import 'slick-carousel'
import '../../node_modules/slick-carousel/slick/slick.css'
import '../../node_modules/slick-carousel/slick/slick-theme.css'
```

この状態でwebpackを起動してみましょう。

```
$ npm run prod
```

すると、次のようにエラーが出ます。

```
ERROR in ./node_modules/slick-carousel/slick/slick-theme.css
Module parse failed: Unexpected character '@' (1:0)
You may need an appropriate loader to handle this file type.
| @charset 'UTF-8';
| /* Slider */
| .slick-loading .slick-list
 @ ./src/js/main.js 9:0-66

ERROR in ./node_modules/slick-carousel/slick/slick.css
Module parse failed: Unexpected token (2:0)
You may need an appropriate loader to handle this file type.
| /* Slider */
| .slick-slider
| {
|     position: relative;
 @ ./src/js/main.js 7:0-60
```

これは、JavaScriptファイルにもかかわらずCSSを読み込もうとしていることによります。これを解決するには、CSSを解釈するためのloaderを使用します。

▶ css-loaderのインストール

webpackでCSSを扱う前処理をするために、CSS用のloaderである**css-loader**をインストールしましょう。次のコマンドを実行します。

```
$ npm i -D css-loader
```

インストールしたら、`webpack.config.js`ファイルに設定を追加します。

先ほど`js`ファイルはbabel-loaderでトランスパイルするという風に記述しました。同様にして、書いていきましょう。

SAMPLE CODE webpack.config.js

```
module.exports = {
  entry: './src/js/app.js',
  module: {
    rules: [
      {
        test: /\.js$/,
        use: {
          loader: 'babel-loader',
          options: {
            presets: ['@babel/preset-env']
          }
        }
      },
      {
        test: /\.css$/,
```

```
      use: ['css-loader']
    }
  ]
 }
}
```

cssファイルにcss-loaderを使うというように記述しています。
この時点で、再びwebpackを起動します。

```
$ npm run prod
```

すると、次は別のエラーが出ます。

```
ERROR in ./node_modules/slick-carousel/slick/fonts/slick.eot
Module parse failed: Unexpected character '' (1:0)
You may need an appropriate loader to handle this file type.
(Source code omitted for this binary file)
 @ ./node_modules/slick-carousel/slick/slick-theme.css 7:324-352 7:385-413
 @ ./src/js/main.js

ERROR in ./node_modules/slick-carousel/slick/fonts/slick.ttf
Module parse failed: Unexpected character '' (1:0)
You may need an appropriate loader to handle this file type.
(Source code omitted for this binary file)
 @ ./node_modules/slick-carousel/slick/slick-theme.css 7:538-566
 @ ./src/js/main.js

ERROR in ./node_modules/slick-carousel/slick/ajax-loader.gif
Module parse failed: Unexpected character '' (1:7)
You may need an appropriate loader to handle this file type.
(Source code omitted for this binary file)
 @ ./node_modules/slick-carousel/slick/slick-theme.css 7:126-154
 @ ./src/js/main.js

ERROR in ./node_modules/slick-carousel/slick/fonts/slick.woff
Module parse failed: Unexpected character '' (1:8)
You may need an appropriate loader to handle this file type.
(Source code omitted for this binary file)
 @ ./node_modules/slick-carousel/slick/slick-theme.css 7:471-500
 @ ./src/js/main.js

ERROR in ./node_modules/slick-carousel/slick/fonts/slick.svg
Module parse failed: Unexpected token (1:0)
You may need an appropriate loader to handle this file type.
| <?xml version="1.0" standalone="no"?>
| <!DOCTYPE svg PUBLIC "-//W3C//DTD SVG 1.1//EN" "http://www.w3.org/Graphics/SVG/1.1/
DTD/svg11.dtd">
```

```
| <svg xmlns="http://www.w3.org/2000/svg">
 @ ./node_modules/slick-carousel/slick/slick-theme.css 7:608-636
 @ ./src/js/main.js
```

CSSについてのエラーが消えましたが、`eot`、`ttf`、`gif`などの拡張子が解決できていません。これらもloaderで解決します。

▶ url-loader

url-loaderは読み込んだファイルをbase64にエンコードするloaderです。「画像をJavaScriptにまとめる」と画像も文字列データとして表すことができます。次のコマンドを実行してインストールします。

```
$ npm i -D url-loader
```

インストールしたら、`webpack.config.js`ファイルに設定を追加します。

SAMPLE CODE webpack.config.js

```
module.exports = {
  entry: './src/js/main.js',
  module: {
    rules: [
      {
        test: /\.js$/,
        use: {
          loader: 'babel-loader',
          options: {
            presets: ['@babel/preset-env']
          }
        }
      },
      {
        test: /\.css$/,
        use: ['style-loader', 'css-loader']
      },
      {
        test: /\.gif|png|jpg|eot|wof|woff|ttf|svg$/,
        use: ['url-loader']
      }
    ]
  }
}
```

25行目では画像およびフォントの形式を指定しています。

▶ |(パイプ)

「|」これはパイプと呼びます。意味は「どれかにマッチする」です。

たとえば、「`/green|red/`」は"green apple"の'green'や"red apple"の'red'にマッチします。

今回の記述では**gif**・**png**・**jpg**・**eot**・**wof**・**woff**・**ttf**・**svg**が末尾に付くものを対象にとります。

これにマッチするファイルはurl-loaderで処理を行います。処理されたファイルは、base64形式で**bundle.js**ファイルに書き出されます。画像を文字列に変換できたので、JavaScriptファイルにまとめられました。

この時点でwebpackを起動してみましょう。

```
$ npm run prod
```

コンパイルに成功しました。

```
Hash: 949706640a563d019480
Version: webpack 4.6.0
Time: 2895ms
Built at: 2018-04-30 18:23:26
  Asset     Size  Chunks             Chunk Names
main.js  150 KiB       0  [emitted]  main
Entrypoint main = main.js
[11] (webpack)/buildin/module.js 567 bytes {0} [built]
[12] ./src/js/main.js 328 bytes {0} [built]
    + 11 hidden modules
```

ですが、この時点ではCSSごとバンドルされただけで、実際にHTMLから参照されていません。これもloaderで解決できます。

▶ style-loaderのインストール

style-loaderとは、JavaScriptファイルに読み込んだCSSをstyle要素に書き出すためのloaderです。CSS-loaderでCSSとして処理されたデータをstyle要素に書き出します。

- style-loader - npm

URL https://www.npmjs.com/package/style-loader

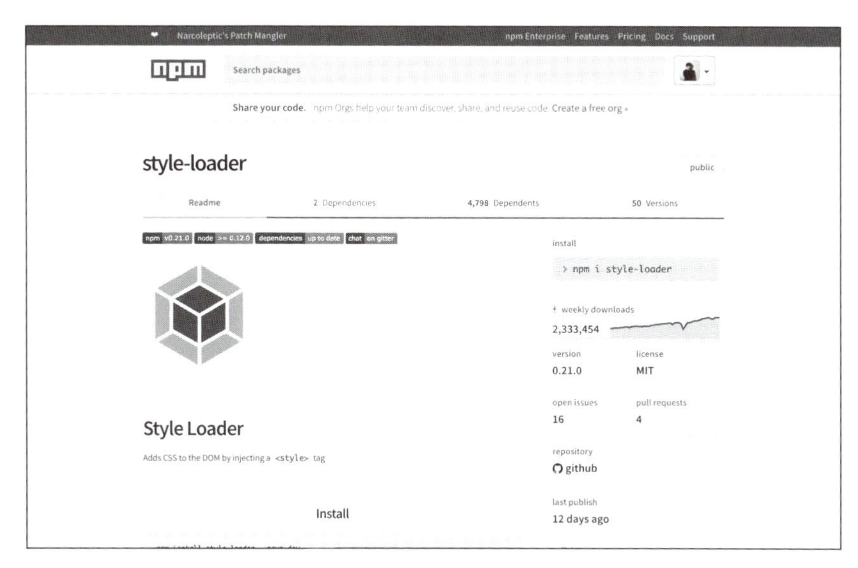

次のコマンドでインストールします。

```
$ npm i -D style-loader
```

インストールが完了したら、次のように組み込みます。

SAMPLE CODE webpack.config.js

```
module.exports = {
  entry: './src/js/app.js',
  module: {
    rules: [
      {
        test: /\.js$/,
        use: {
          loader: 'babel-loader',
          options: {
            presets: ['@babel/preset-env']
          }
        }
      },
      {
        test: /\.css$/,
```

```
        use: ['style-loader', 'css-loader']
      },
      {
        test: /\.gif|png|jpg|eot|wof|woff|ttf|svg$/,
        use: ['url-loader']
      }
    ]
  }
}
```

loaderは後に書いたものから先に処理されます。style-loaderをcss-loaderの前に記述しましょう。

記述したら、webpackを起動します。

```
$ npm run prod
```

これで、コンパイルされたJavaScriptファイルを読み込むと、HTML側のstyle要素にCSSが書き出されます。

これで、プラグインのインストールから関連ファイルをすべてJavaScriptにまとめ上げることができました。

書き出されたmain.jsファイルは、通常通り読み込んで使用できます。

サンプルコードに本節同様のslick-carouselを用いたページサンプルが掲載されているので、実際の同作を確認してみましょう。

開発を便利にするツール

最後の章では、gulpやwebpackとは直接、関係はないものの、開発に便利なツールを紹介していきます。

導入にはコマンドライン操作が必要だったので、エンジニアのものという印象はありましたが、ここまでくればもう導入は大丈夫です。

SECTION-038

EditorConfigを利用しよう

複数人で開発するにあたって発生する「コーディング規約」を統一するためのツール「EditorConfig」を使うための解説をしていきます。

EditorConfigとは

EditorConfigとは、エディタやIDEを使うにあたり、一貫性のあるコーディングスタイルにするためのツールです。

- EditorConfig

URL http://editorconfig.org/

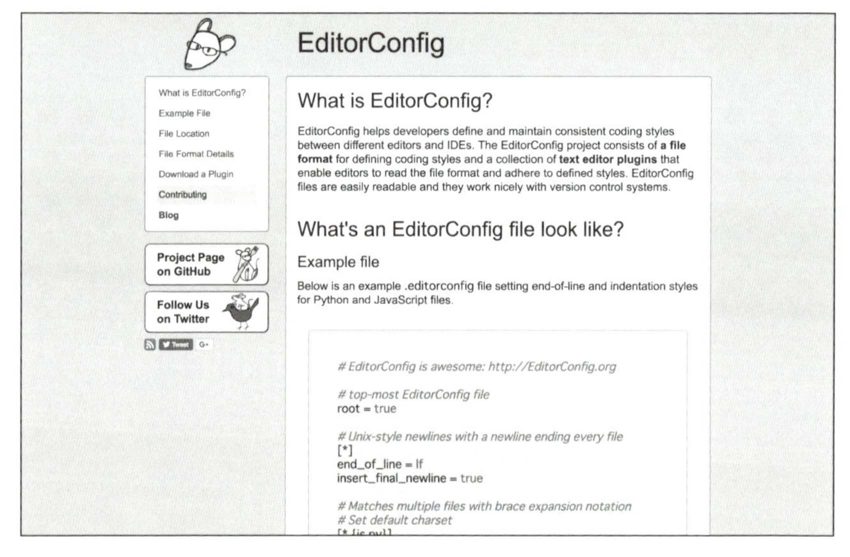

▶ コーディングスタイルの例

たとえば、コーディングスタイルにまつわる規約の決定は次のようなものがあります。

- インデントはスペース or タブ
- スペース／タブは2つ or 4つ
- 最終行に改行を入れるのか

いくつかの流派はありますが、これといって決定されたものはありません。人によって差異が出るものです。

EditorConfigを使うことで、プロジェクト単位でこれらを明確に宣言し、エディタの動きをそれに従わせることができます。

▶ EditorConfigを利用する手順

EditorConfigを使うには次の2つを行う必要があります。

- 使用するエディタにプラグインを入れる
- 設定ファイルを書く

それぞれ確認していきましょう。

主要エディタ用のプラグイン

主要エディタのプラグインを紹介します。

▶ Atom用のプラグイン

Atom用のプラグインは**atom-editorconfig**です。

URL https://github.com/sindresorhus/atom-editorconfig#readme

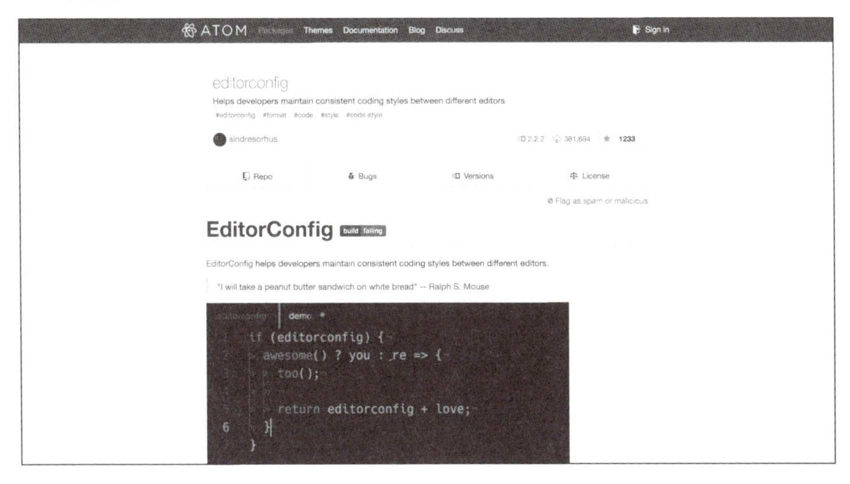

▶ Visual Studio Code用のプラグイン

Visual Studio Code用のプラグインは**EditorConfig for VS Code**です。

URL https://marketplace.visualstudio.com/items?itemName=EditorConfig.EditorConfig

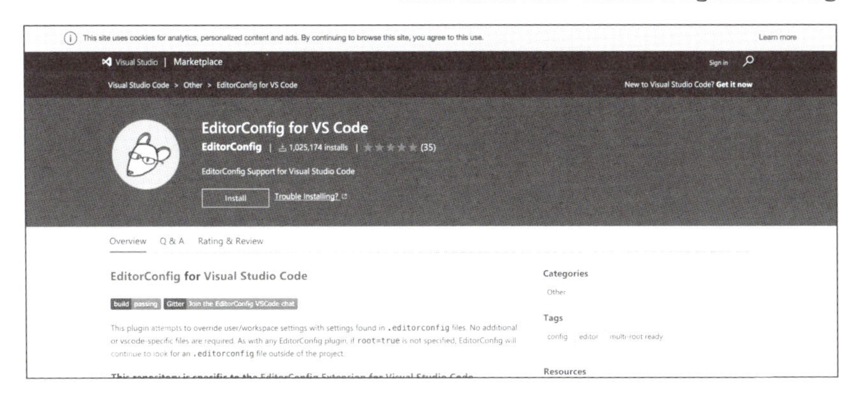

▶ Brackets用のプラグイン

Brackets用のプラグインは**brackets-editorconfig**です。

URL https://github.com/kidwm/brackets-editorconfig/

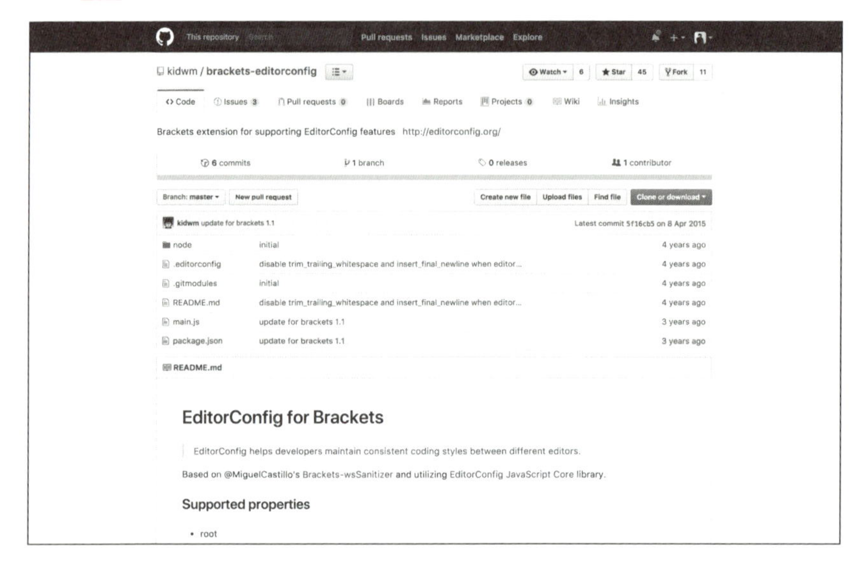

Ⅲ「.editorconfig」ファイル

EditorConfigの設定ファイルは、「.editorconfig」と名前が決まっています。「.」で始まるファイル名のため、隠しファイルになります。

▶ 記述例

「.editorconfig」ファイルの記述例を紹介します。

SAMPLE CODE .editorconfig

```
root = true

[*]
charset = utf-8
end_of_line = lf
indent_size = 2
indent_style = space
insert_final_newline = true
trim_trailing_whitespace = true

[*.md]
trim_trailing_whitespace = false
```

EditorConfigのプロパティ

記述例をもとにしながら、EditorConfigの各種設定プロパティについて解説します。

▶ root

rootは「親ディレクトリの設定を適用するか」という設定値です。「root = true」にすることで、親ディレクトリの「.editorconfig」ファイルの設定の影響を受けなくなります。

たとえば、プロジェクトフォルダに「.editorconfig」ファイルがあり、「root = true」の記述がない(もしくは「root = false」)として、次のような記述があるとします。

```
[*]
charset = utf-8
```

この状態で、もし親ディレクトリに「.editorconfig」ファイルがあり、次のような記述があったとしましょう。

```
[*]
end_of_line = lf
```

この場合、両方の設定が有効となります。

これだと、プロジェクトメンバーによってその上位層に「.editorconfig」ファイルがあったりした場合に挙動が変わってしまいます。同じ設定にしておかないとせっかく設定を統一しようとしているのに意味がないので、「root = true」は記述するようにしましょう。

なお、プロジェクトフォルダに「.editorconfig」ファイルが存在しない場合、プラグインは親ディレクトリを参照し、「.editorconfig」ファイルを探します。もしも存在すれば、その設定が適用されます。たとえばホームディレクトリなどに自分の好みの設定をした「.editorconfig」ファイルをおいておくと、ホームディレクトリ以下のディレクトリすべてに設定が適用されます。

▶ charset

charsetには各種文字コード(utf-8、shift_jisなど)を指定します。Web制作ではutf-8が標準です。ただし、古いプロジェクトなどでやむを得ず文字コードを指定する必要がある場合は、ここで指定しておきましょう。

▶ indent_size

indent_sizeでは、インデントにいくつスペースを使用するかの値を決められます。たとえば、2つ分入れる場合は、「indent_size = 2」のように指定します。

2や4が採用されることが多いです。gulpやReact、Bootstrapなど有名なプロジェクトではほとんどスペース2つが採用されています。

▶ indent_style

indent_styleではインデントに使用する記号を決められます。spaceまたはtabを指定します。spaceに設定すると、tabキー入力時にスペースによる入力が行われます。

▶ end_of_line

end_of_lineは改行コードを設定します。LFまたはCRLFを指定します。普段はあまり意識することはありませんが、改行は改行コードという記号で表されます。記号といっても基本は見えません（エディタの設定やプラグインなどで可視化することはできます）。改行コードはLFとCRLFのの2通り存在し、システムによってはデフォルトは異なってきます。

多くの場合「LF」なので、LFにしておくといいでしょう。

▶ trim_trailing_whitespace

trim_trailing_whitespaceは行の最後の文字以降についた空白を消すかどうかの設定です。trueを指定すると削除、falseを指定すると削除しません。

基本はtrueで問題ありません。ファイルの圧縮や意図せぬエラーの防止に繋がります。

ただし、行末の空白は、markdown記法では意味のある記述です。markdown記法では行末にスペースを入れることで「改行」を示します。そのため、プロジェクトでmarkdownを扱う場合、「.md」のファイルではfalseとすることが多いです。

「.md」ファイルだけに設定を適用したい場合は次のように記述します。

```
[*.md]
trim_trailing_whitespace = false
```

「.editorconfig」ファイルは上から読み込まれていくので、後に書いた方が有効になります。

▶ insert_final_newline

insert_final_newlineは、最終行に空白改行を入れるかどうかの設定です。trueならば入れる、falseならば入れません。

これは、ファイルの連結の際などに2つのファイルの記述間に空白行が入ることにより、意図せずプログラムが連結してしまうことを防ぐものです。

通常、ファイルの先頭に空白行を入れて書く必要性がないため、行末に改行がないと高確率で改行がなくなります。trueにしておくことを推奨します。

lintを利用しよう

開発における小さなミスや、エラーではないもののバグのもとになるような記述をチェックするツール「lint」について解説します。

lintとは

lintとは日本語で「糸くず」という意味です。

通常、誤った記述をしていると、プログラム上でエラーが発生します。そのときはエラー表示が出たり、意図した動作をしなかったりという現象が起こります。

しかし、時に「エラーが出ない・通常通り動作はするものの、今後、バグの原因となりうる記述」が発生することもあります。このような細かい点が、プログラミングにおける「糸くず」にあたります。

その糸くずのような細かい文法チェックを行うためのプログラムを「lint」と呼びます。

もともとはC言語の構文チェック用プログラムに「lint」というものがありました。それが派生し、HTMLやCSS、JavaScriptにも同様の役割をするツールが生まれています。

それぞれ次のような名前のものがあります。

- HTMLでは「HTMLHint」
- CSSでは「Stylelint」
- JavaScriptでは「ESlint」

この本では「Stylelint」「ESlint」について説明します。

lintをかけるメリット

lintをかけることで、色々なメリットがあります。

▶ メリット1：バグを未然に防ぐ

lintのルールに従うと、より厳密なコードがかけるようになります。たとえば、JavaScriptでは次のようなルールがあります。

- 宣言されたものの、使っていない変数を警告
- 「===」ではなく「==」を使っていた場合に警告

これらは、使っていてもエラーになることはありません。しかし、どちらも意図せぬところでバグを招くことがあります。lintのルールでこれらを禁止することで、より厳密なコードにすることができます。

▶ メリット2：エラーの原因をわかりやすくする

lintをかけることで、エラーの原因をわかりやすくしてくなります。たとえば、JavaScriptを書くにあたっては次のようなミスはよく起こります。

- 閉じかっこが足りていなかった
- 存在しない変数を使おうとしていた

lintを使うと、このような細かなエラーはすぐに検知できます。

▶ メリット3：自身の書き方を矯正できる

lintは、知らないと意識しないようなところもルールとして定められています。熟練のプログラマーが暗黙的に知っていることも、ルールにあればチェックして警告します。Lintの警告に従うだけでも、ルールの範囲であれば誰が書いてもその質は担保されます。

Lintに警告されながら、より厳密なコードの作法を知るというのも大きなメリットです。

stylelint

stylelintとは、CSSのlintツールです。

- stylelint

  URL https://stylelint.io/

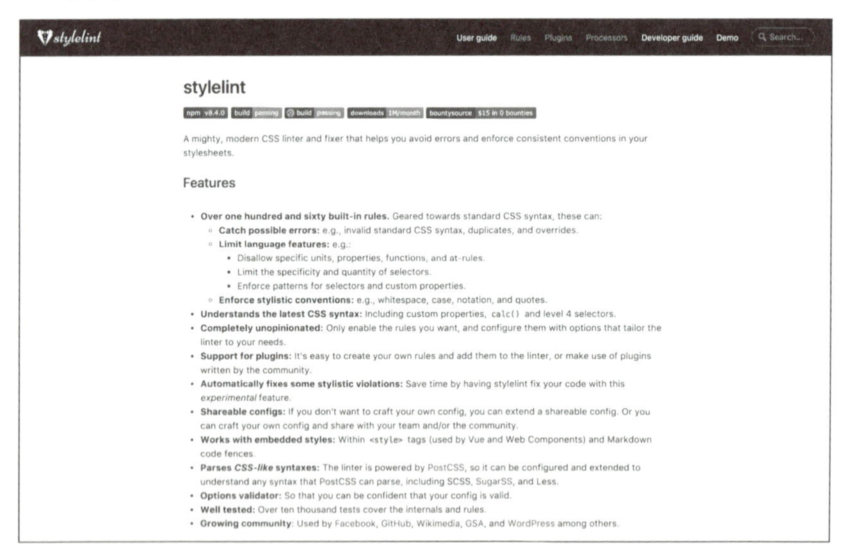

stylelintは、自分でルールセットを追加していく作りになっています。

▶ ディレクトリ構成

次のようなディレクトリ構成のもとで説明します。

```
.
├── node_modules/
├── package-lock.json
├── package.json
└── src
    └── sass
        └── common.scss
```

もちろん、gulpfile.jsやwebpack.config.jsなどがある場合はそのままで大丈夫です。

▶ stylelint本体のインストール

次のコマンドでstylelint本体をインストールします。

```
$ npm i stylelint -D
```

ただし、これだけではあくまで解析しか行いません。

▶ ルールセットのインストール

続いて、ルールセットをインストールします。公式でおすすめの設定があらかじめ配布されているのでダウンロードします。これは、もともと公式が配布しているおすすめの設定をさらに拡張したもので、GoogleやAirbnbなどが公開しているルールセットが取り入れられています。

npmには「stylelint-config-stndard」という名前で公開されています。

- stylelint-config-standard - npm

URL https://www.npmjs.com/package/stylelint-config-standard

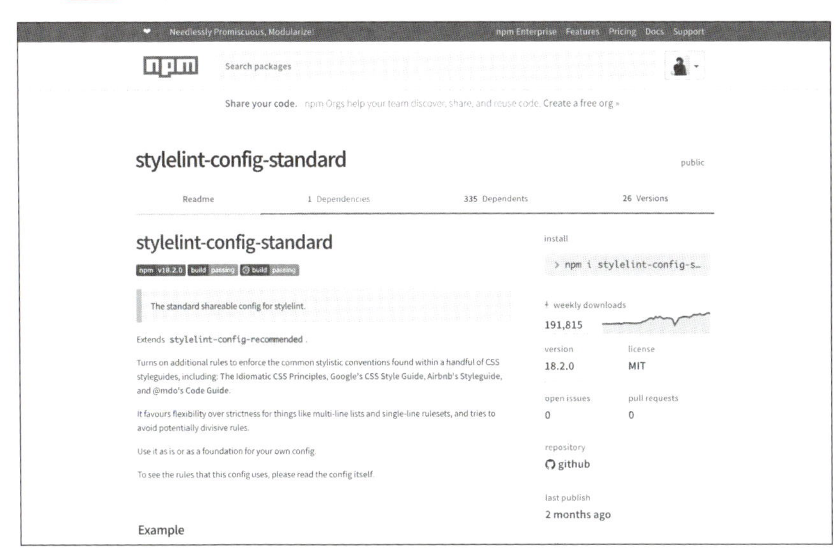

このルールは、stylelintの公式でも推奨されています。

次のコマンドを実行してインストールしましょう。

```
$ npm i stylelint-config-standard -D
```

インストールが完了したら、stylelintのルールを記述します。ルールの記述場所は、次の3パターンから選べます。

- 「package.json」の「stylelint」プロパティ
- 「.stylelintrc」ファイル
- 「stylelint.config.js」ファイル

本書では、ファイルを増やさずに`package.json`に設定を記述します。

SAMPLE CODE package.json

```
{
  "description": "...",
  (省略)
  "stylelint": {
    "extends": "stylelint-config-standard"
  }
}
```

これにより、stylelint-config-standardルールが適用されます。

▶ lintの起動

では、実際にlintをかけてみましょう。`stylelint`コマンドに続けて、lintでチェックしたいCSSファイルのパスを指定すればOKです。

```
$ npx stylelint ./src/sass/common.scss
```

ファイルではなくディレクトリでもOKです。

```
$ npx stlelint ./src/sass
```

たとえば、`src/sass/common.scss`ファイルに次のように記述してみましょう。

SAMPLE CODE common.scss

```
a {
  margin: 0px;
}
```

これは、本来であれば「`margin: 0`」と書くべきところです。この状態で、`stylelint`を起動します。

```
$ npx stylelint ./src/sass
```

起動すると、stylelintによるチェックが行われます。そして、次のように表示されます。

```
src/sass/common.scss
 2:12  ✖  Unexpected unit   length-zero-no-unit
```

0に単位はつけないようにしようという警告が表示されました。

▶ --fixオプション

stylelintのルールの中には、自動で修正することができるものもあります。今回のエラーはただ単位を削除するだけですので、自動修正が可能です。

自動修正するには「--fix」オプションを使います。

```
$ npx stylelint ./src/sass --fix
```

実行すると、次のように自動で修正されました。

SAMPLE CODE common.scss

```
a {
  margin: 0;
}
```

すべてのルールが自動で修正可能ではありませんが、軽微な修正はこのオプションで完了できることもあるので活用しましょう。

eslint

eslintは、JavaScriptの静的解析ツールです。2013年に、Nicholas C. Zakas(@slicknet)氏によって立ち上げられたオープンソースのプロジェクトです。

- ESLint - Pluggable JavaScript linter
  URL https://eslint.org/

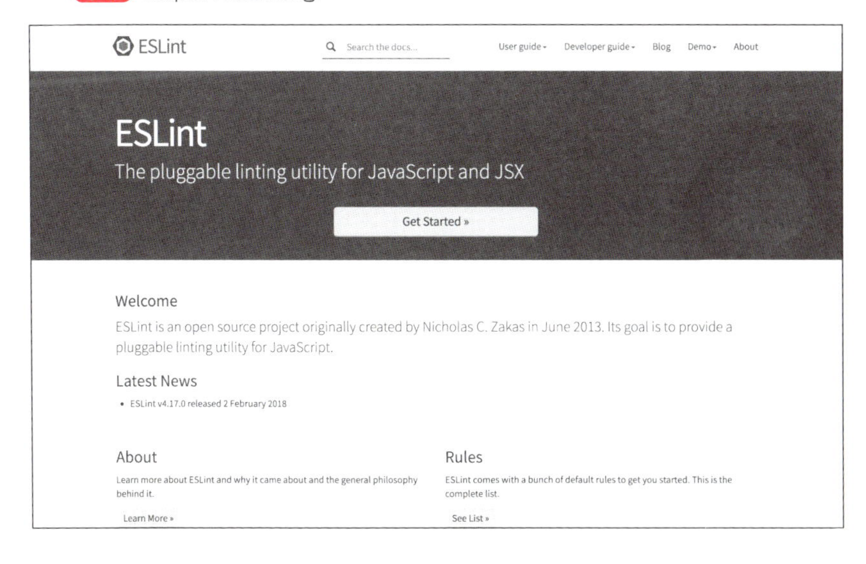

eslintの「es」とは「ECMAScript」の略です。これは、JavaScriptの仕様の名称です。

eslintは、解析プログラム本体と、ルールセットの組み合わせで使用します。どちらもnpmコマンドを使ってインストールすることができます。

▶ディレクトリ構成

次のようなディレクトリ構成のもとで説明します。

```
.
├── node_modules/
├── package-lock.json
├── package.json
└── src
    └── js
        └── main.js
```

▶eslint本体のインストール

まずは本体をインストールします。パッケージ名は「eslint」です。開発に使用するパッケージなので、「-D」を付けてインストールします。

```
$ npm i -D eslint
```

▶eslintの起動

インストールが完了したら、起動してみましょう。

```
$ npx eslint
```

次のように表示されました。たくさんのオプションがありますが、基本は1行目にかかれているようにコマンドに「解析したいファイル名」か「ディレクトリ名」を付けて実行すればOKです。

```
eslint [options] file.js [file.js] [dir]

（省略）
```

なお、ここでは、コマンドラインから実行する方法だけではなく、エディタのプラグインと連携させる方法も紹介します。

▶初期設定

ルールセットのインストールは、eslintコマンドから行えます。eslintコマンドに「--init」オプションを付けて実行します。

```
$ npx eslint --init
```

実行すると、選択肢が現れます。コマンドライン上で質問に回答しながら、ルールセットをインストールしていきます。

なお、ルールセットはスターターセットのようにある程度、セキッティングされているものが存在しているので、そちらを導入します。

2つ目の「Use a popular style guide」に矢印キーでカーソルを合わせ、Returnキーを押しましょう。

```
? How would you like to configure ESLint?
  Answer questions about your style
❯ Use a popular style guide
  Inspect your JavaScript file(s)
```

実行すると、次の選択肢に進みます。

eslintのルールセットは企業やプロジェクトによって選定されたものが公開されています。本書では「npm」や「GitHub」も採用している「SrandardJS」を使います。

```
? Which style guide do you want to follow?
  Google
  Airbnb
❯ Standard
```

eslintのルールを設定するファイルの記述形式を問われます。ここではJavaScript形式にします。

```
? What format do you want your config file to be in? (Use arrow keys)
❯ JavaScript
  YAML
  JSON
```

以上で、インストール作業が行われます。

プロジェクトフォルダにはeslintrc.jsというファイルが生成されています。中身は次のようになっています。

SAMPLE CODE eslintrc.js

```
module.exports = {
    "extends": "standard"
};
```

extendsとは「継承」という意味です。つまり、ここでは、このルールセットを継承しつつも、とくに何も改変は加えていない状態です。すなわち、ルールセットをそのまま使っていることになります。

このように、完全に継承元の振る舞いを行えるものを「スーパーセット」と呼ぶこともあります。

▶ eslintを使う

たとえば、src/js/main.jsファイルに次のようなコードを記述してみます。

SAMPLE CODE main.js

```
const name = 'John'

if (name == 'John') {
  console.log('hello world')
}
```

この状態で、eslintを起動してチェックしてみましょう。

```
$ npx eslint ./src/js
```

起動すると、次のようにエラーが出力されます。

```
/Users/nayucolony/gulp-tutorial/src/js/main.js
  3:10  error  Expected '===' and instead saw '=='  eqeqeq

✖ 1 problem (1 error, 0 warnings)
```

次のような項目が表示されています。

- 3行目の10文字目付近でエラーが発生しているということ
- そのエラー内容

SrandardJSでは、比較の表現は「==」ではなく「===」で行うというルールがあります。「eqeqeq」とはルールの名前です。

このようにしてエラーを検出することができます。エラーが出なくなるまで修正を行いましょう。

▶ Visual Studio Codeでeslintを有効にする

タイプミスなどでプログラムが動かない、とはいえ何が理由で動かないかがわからないということはよくあります。そういう場合、動かそうとして動かなくて気付くよりも、間違った時点で警告がでた方が二度手間を防げます。

本書ではVisual Studio Codeを使用するので、Visual Studio Code上で入力した時点で、エディタに警告を表示するプラグインを導入します。

プラグイン名は「ESLint」です。発行人は「Dirk Baeumer」氏です。コマンドラインからインストールするには、次のコマンドを実行しましょう。

```
$ code --install-extension dbaeumer.vscode-eslint
```

インストールが完了すると次のように表示されます(バージョンは執筆当時のものです)。

```
Found 'dbaeumer.vscode-eslint' in the marketplace.
Installing...
Extension 'dbaeumer.vscode-eslint' v1.4.3 was successfully installed!
```

すでにインストールが完了している場合は次のような表示が出ます。この場合、すでに拡張機能がインストールされています。

```
Extension 'dbaeumer.vscode-eslint' is already installed.
```

Visual Studio CodeのESLintプラグインは、ローカルにインストールされた「eslint」パッケージを使用します。プラグインを導入すると、エディタの編集画面にリアルタイムに表示されます。

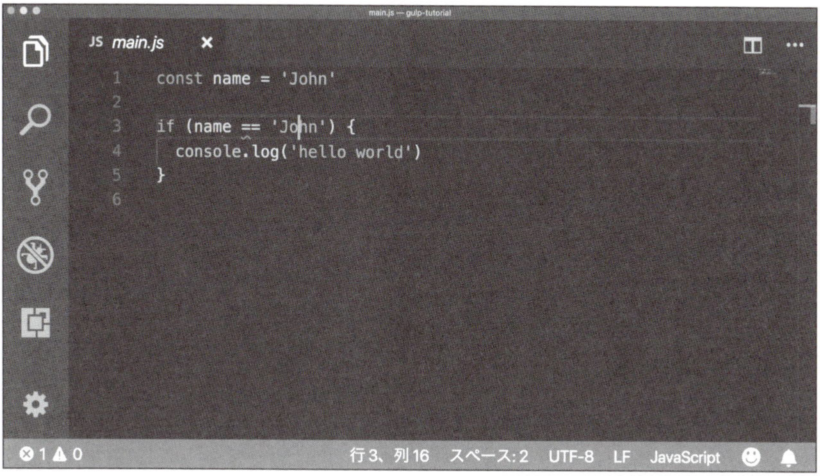

みんなで使う

エディタ連携によるリアルタイムなlintは便利で恩恵も大きく受けられます。しかし、エディタにより設定が変わってくるため、gulpと違って強制は難しくなります。

とはいえ、「コミット前にlintをかける」では忘れてしまうこともあります。そこで、コミット動作をトリガーにしてlintを促すようにしていきます。

▶ huskyとは

huskyとは、コミットやプッシュなどの動作とコマンドライン操作を結びつけるためのツールです。チーム開発においてGitを使っている場合に役立つツールです。

次のコマンドでインストールします。

```
$ npm i -D husky@next
```

この本ではv0.15.0系に即した説明を行うために`@next`を付けてインストールしています。

インストールが完了したら、`package.json`の項目に`husky.hooks`を追加します。

SAMPLE CODE package.json

```
{
  "description": "...",
  (中略)
  "husky": {
    "hooks": {
      "pre-commit": "npx eslint ./src/js"
    }
  }
}
```

10行目のpre-commitに「npx eslint ./src/js」を設定しました。

こうすることで、コミットの直前に「npx eslint ./src/js」が実行されます。

エラーがなければそのままコミットします。エラーが出るとそこで中断しコミットは行われません。これで、lintの実行を忘れずにすみます。

また、lintを忘れないようにしなければと意識し続けるストレスも減ります。

SECTION-040

Prettierを利用しよう

最後に、コード自動整形ツールPrettierを紹介します。これがあれば、もうインデントの数や改行位置、スペースの位置などで悩むことはありません。すべてをPrettierに委ねることで、よりコーディングに集中できます。

Prettierとは

Prettierとは、コードをフォーマットするツールです。

- Prettier · Opinionated Code Formatter

URL https://prettier.io/

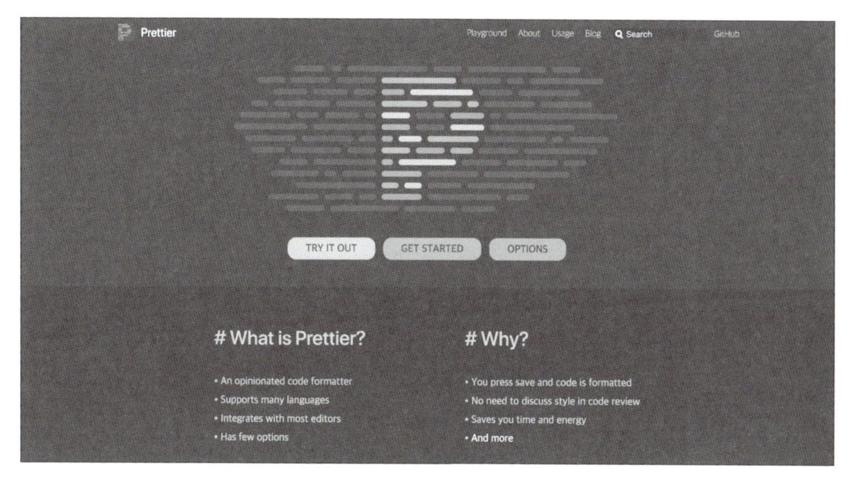

▶ Linterとの違い

Linterとの違いは、Prettierはコードの視覚的な整形のためのツールであるということです。たとえば「ここはこの宣言を使いましょう、その書き方は古いですよ」といった、コードの質に関する部分には言及しません。そこはLinterの管轄になります。

言及してくるのは「改行位置」「インデント」「余白」などコードの書式に関するものです。

▶ EditorConfigとの違い

EditorConfigとPrettierは、コードを整えるという意味では似た立場にいます。

EditorConfigは、エディタの設定を司るツールです。ただし、これはコードを書くときに記法をサポートするだけです。それに反した記述をしたからといって、警告を出したりすることはありません。

一方で、Prettierは間違った記述に対して働くものです。EditorConfigのように、エディタの動きに干渉してくることはありません。

ですので、どちらが優れているという話ではありません。これらは組み合わせて使うものだといえます。

Prettierのインストール

Prettierをインストールします。

- prettier - npm

URL https://www.npmjs.com/package/prettier

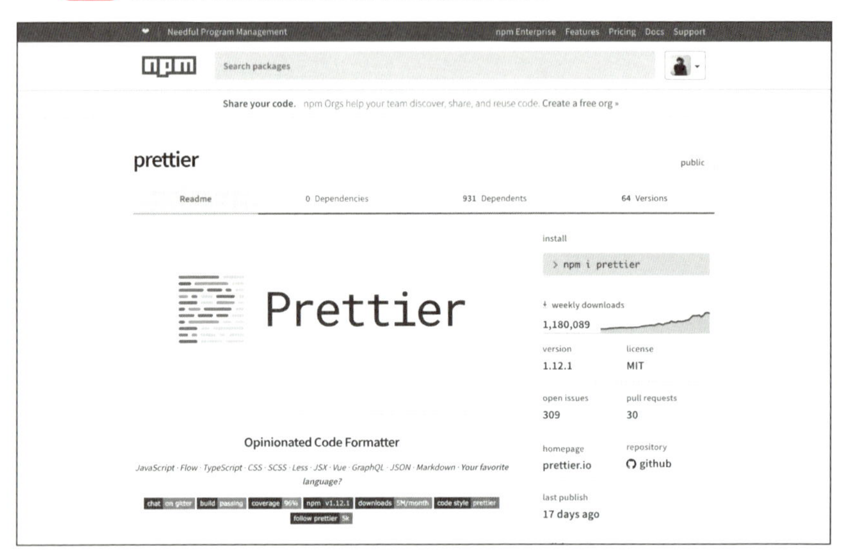

linter同様、npmからインストールします。

```
$ npm i -D prettier
```

インストールが完了したら、Prettierを起動してみましょう。

```
$ npx prettier
```

起動すると、Prettierの使い方が表示されます。

```
Usage: prettier [options] [file/glob ...]

By default, output is written to stdout.
Stdin is read if it is piped to Prettier and no files are given.

Output options:

(省略)

Format options:

(省略)
```

Prettierの使い方

たとえば、次のようなコードを考えます。このコードはまったく改行がなく、見通しがあまりいいとは言えません。

SAMPLE CODE app.js

```
foo(reallyLongArg(), omgSoManyParameters(), IShouldRefactorThis(), isThereSeriouslyAnotherOne());
```

そこで、Prettierでコードを整形します。ファイルのパスを記述するとそのファイルがprettierにかけられて整形されます。次のようにコマンドを入力します。

```
$ npx prettier ./src/js/main.js
```

実行すると、整形後のコードが出力されます。

```
foo(
  reallyLongArg(),
  omgSoManyParameters(),
  IShouldRefactorThis(),
  isThereSeriouslyAnotherOne()
);
```

ただし、オプションなしでの起動は、コマンドラインの画面上に出力するだけです。実際のファイルに変更はかかっていません。

▶上書き保存

Prettierはあくまでコードの整形を行うものであり、コードの質や動きを大きく変えるものではありません。そのため、ただ出力ではなく、もとのコードを上書きしても差し支えることは少ないでしょう。

そこで、「--write」オプションを使います。「--write」は上書き保存のオプションです。次のようにオプションを付けて実行しましょう。

```
$ npx prettier ./src/js/main.js --write
```

実行完了すると、もとのコードが次のようになっています。

SAMPLE CODE main.js

```
foo(
  reallyLongArg(),
  omgSoManyParameters(),
  IShouldRefactorThis(),
  isThereSeriouslyAnotherOne()
);
```

prettierをコマンドラインから起動して整形ができました。

Prettierの自動化

この時点でも、コマンドひとつでコードを整形できるため便利さは感じていただけるでしょう。しかし、何か変更を加える度に、都度、Prettierを起動するのは面倒です。

ここでは、Prettierの動作を自動化します。

▶ Visual Studio Code

Visual Studio Codeでは「Prettier」というプラグインがあります。似たようなプラグインもありますが、最も開発が進んでおり利用者も多い「Esben Petersen」氏のプラグインを採用していきます。

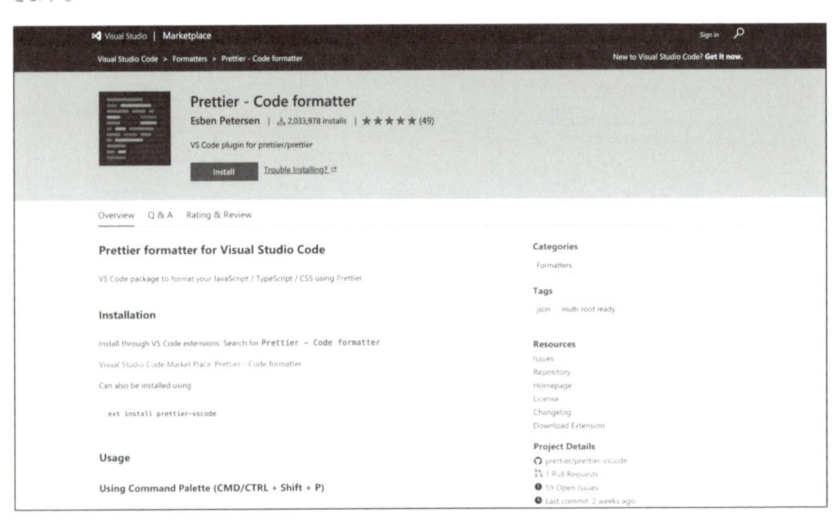

▶ インストール

インストールはエディタ画面内からも行えますが、コマンドラインからもインストールできます。Visual Studio Codeを起動するcodeコマンドに、「--install-extension」オプションを付けることで拡張機能のインストールができます。

```
$ code --install-extension esbenp.prettier-vscode
```

esbenp.prettier-vscodeとは、Visual Studio Codeプロジェクト特有の情報でUnique Identifierいうものです。プラグインは「Marketplace」で配布されていて、配布ページ内の右側メニューの「More Info」の中に記載されています。

▶ コマンドパレットによる起動

インストールが完了した時点では、まだ自動フォーマットはできません。この時点では、エディタのコマンドパレットからPrettierを起動できるようになっています。

Command + Shift + p（WindowsはCtrl + shift + p）キーでコマンドパレットが表示されます。入力エリアに「Format Document」と入力していくと「ドキュメントのフォーマット」という項目が出現します。これをクリックするかEnterキーで実行しましょう。

コマンドラインから実行したのと同じようにフォーマットされます。

保存時に自動フォーマット

フォーマット時にコマンドラインを開く必要がなくなりました。最後に、「保存時に自動フォーマット」をするようにします。

これで、Prettierを起動する必要はなくなります。意識せずとも、保存時に整形されたコードが手に入ります。

▶ユーザー設定画面を開く

`Command + ,`（Windowsは`Ctrl + ,`）キーで「ユーザー設定」を開きます。

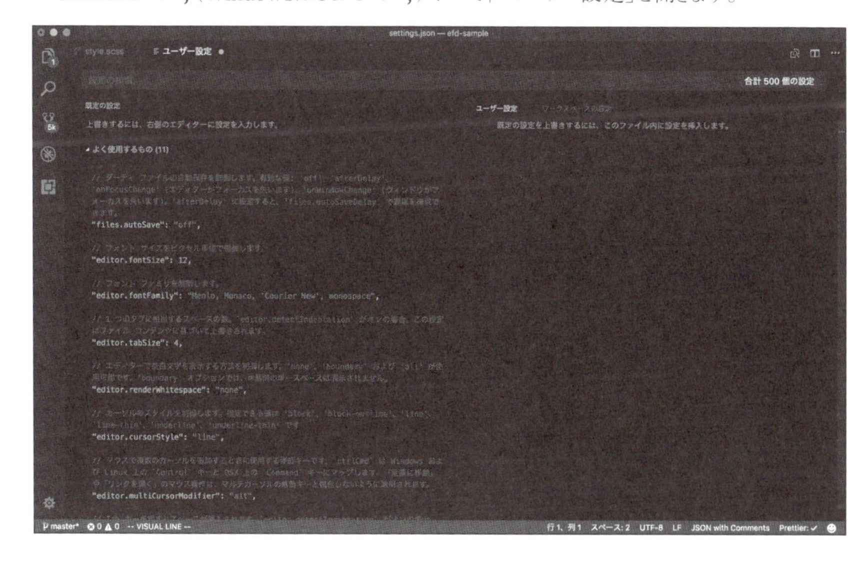

▶ 設定の検索

この画面の「設定の検索」に`editor.formatOnSave`と入力していくと、次の項目が表示されます。

この項目は「保存時にフォーマットをするか」というものです。prettierをインストールした時点で、Visual Studio Codeのフォーマット機能の一部が`prettier`が担当するようになっています。そのため、この設定を有効にすると、保存時にprettierが起動します。

▶ editor.formatOnsaveの選択

`editor.formatOnSave`項目にマウスオーバーで鉛筆マークが出てきます。これをクリックします。

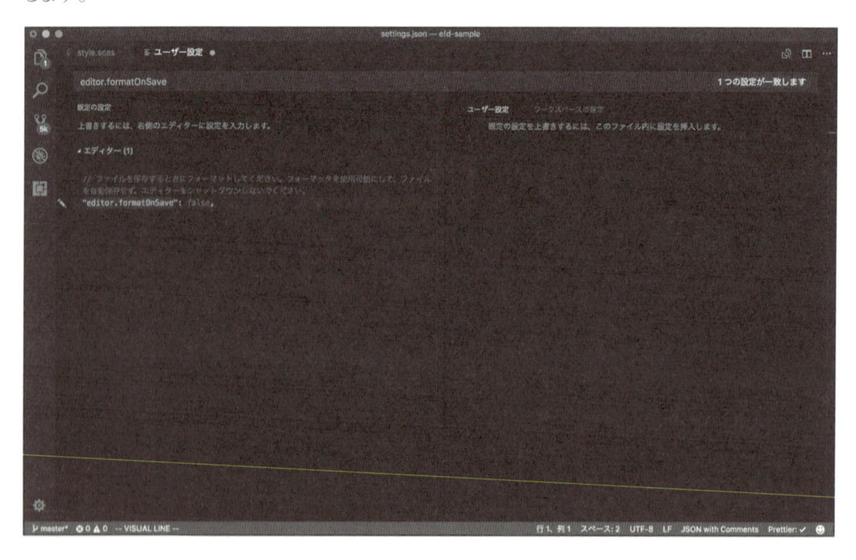

設定の変更

鉛筆のアイコンをクリックするとtrueかfalseの選択を求められます。falseが初期値で、その場合は保存時のフォーマットは行われません。これをtrueにすることで保存時に自動フォーマットされるようになります。

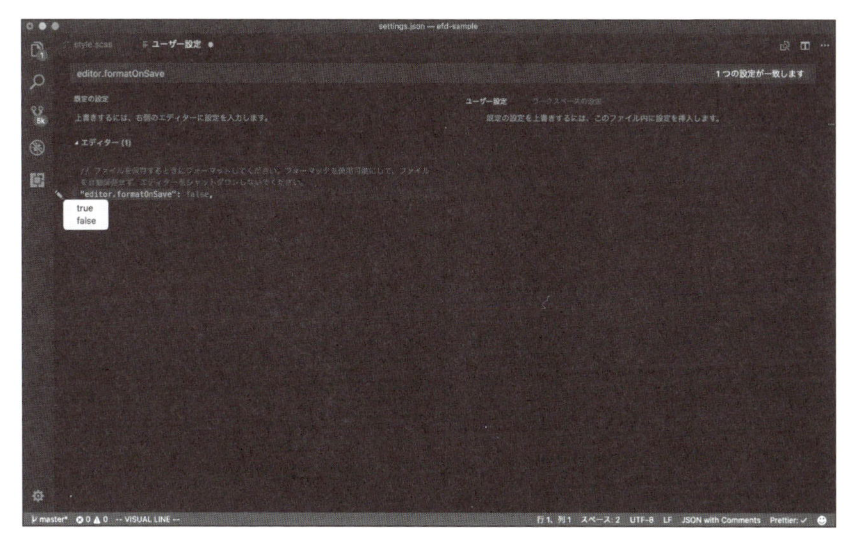

これで、保存したときに自動でprettierが起動するようになりました。

htmlのフォーマット

editor.formatOnSaveは、ファイル保存時にフォーマットを行うものです。CSSとJavaScriptは「Prettier」ですが、HTMLは「js-beautify」をもとにしたプラグインが使われます。

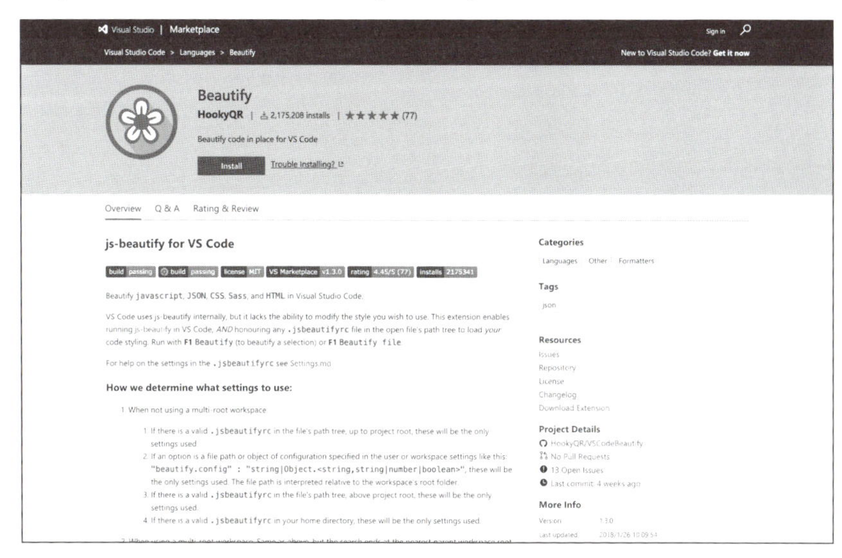

eslintとの連携

prettierはeslintと組み合わせるとよりコードの質を保つことにつながります。しかし、ここで問題になるのが、eslintのルールとprettierのルールで矛盾が発生したときです。

矛盾がある場合、**Prettierによる整形が済んだだファイルが、eslintによって警告されるという状態になってしまいます。**この状態になったときは「両者のルールを比較し、Prettierに寄せる」というのが一般的です。

しかし、それらをすべてルールの内容を確認しながら調整するのは手間がかかるため「自動的に被ったルールをPrettierに寄せる」ためのeslint用プラグインを採用するという方法をとります。

▶ eslint-config-prettier

eslint-config-prettierは、eslintおよびPrettierの両者を比較して、eslint側の被っているルールを無効化するプラグインです。

次のコマンドでインストールします。

```
$ npm i -D eslint-config-prettier
```

インストールが完了したら、次のようにして、設定ファイルの`eslintrc.js`に書き込みます。

SAMPLE CODE eslintrc.js

```
module.exports = {
  extends: ["standard", "prettier"]
}
```

こうすることで、StandardJSの設定とprettierのルールの間で被ったルールがオフになります。

なお、設定ファイルの記述は`prettier`が後に来るように並べます。`prettier`が先にきてしまうと、後から書かれたルールが有効になるため打ち消す意味がなくなってしまいます。

▶ eslint-plugin-prettier

eslint-plugin-prettierは、Prettierをeslintで行うためのプラグインです。これを導入すると、eslintの実行時にPrettierをかけられます。

次のコマンドでインストールします。

```
$ npm i -D eslint-plugin-prettier
```

ルールは次のように修正します。

SAMPLE CODE eslintrc.js

```
module.exports = {
  extends: ["standard", "prettier"],
  plugins: ["prettier"],
  rules: {
    "prettier/prettier": "error",
  }
}
```

6行目で、pluginsの項目に導入したeslint-plugin-prettierモジュールを読み込む記述をしています。

また、9行目でrulesの項目にprettierの設定をしています。rulesの設定は次の3つから選べます。

- 「"off"」or「0」…… ルールをオフにする
- 「"warn"」or「1」…… ルールを「注意」レベルに設定
- 「"error"」or「2」…… ルールを「警告」レベルに設定

warnとerrorの違いは、lint起動時にエラーを返すかどうかです。warnの場合、ログは出力されますが、lint自体は成功として扱われます。一方、errorの場合はlintがエラーとして扱われます。

たとえば、eslintで扱った「husky」では、エラーが帰ってきた際にはコミットまでたどり着けません。より厳密にルールを扱うならば、「"error"」にして修正を促しましょう。

▶ Prettierの設定

Prettierのルールは初期値では次のようになっています(一部抜粋)。

- 二重引用符を使う("")
- セミコロンを使用する

これらを変更したい場合は次のように記述します。

SAMPLE CODE eslintrc.js

```
module.exports = {
  extends: ["standard", "prettier"],
  plugins: ["prettier"],
  rules: {
    "prettier/prettier": [
      "error",
      {
        semi: false,
        singleQuote: true
      }
    ]
  }
}
```

前ページのように、設定の記述を「"error"」の文字列から「["error", {...}]」のように配列に変更しています。新しく追加したオブジェクトには、Prettierの設定に乗っ取って設定を記述します。

セミコロンの有無はsemiという項目で決定します。trueなら行末にセミコロンを付け、falseならセミコロンは付けません。初期値はtrueです。

StandardJSではセミコロンをつけないルールなので、falseにします。

singleQuoteは文字列を囲むのにシングルクオートを使用するかの設定です。trueならば使用、falseならば使用しません。初期値はfalseです。

StandardJSではシングルクオートを採用しているので、ここはtrueに変更します。

なお、その他のルールを変更したい場合は、Prettierのドキュメントを確認してください。

URL https://prettier.io/docs/en/options.html

また、prettierで使用するルールを変えた場合、エディタの自動整形機能を使うならばそれに合わせる必要があります。

Visual Studio Codeの場合は、先ほど同様に「ユーザー設定」を開き、prettier.semiをfalseに、prettier.singleQuoteをtrueに変更しましょう。

もしくは、連係を活用して保存時にPrettierではなく、eslintを起動するようにしましょう。この場合はeditor.formatOnSaveをfalseにし、eslint.autoFixOnSaveをtrueにしましょう。こうすることで、ファイル保存時にeslintが起動し、その中でprettierのルールに従った整形を行います。

EPILOGUE

「gulpを使えるようになる」ことの向こうに望むこと

gulpに限らず、あらゆるツールはいつか廃れるときがきます。それは、より優れたツールが出現したということに他ならず、喜ばしいことです。

gulpも、タスクランナーという括りでは、gruntというツールに取って代わった存在といえます。とりわけ、ウェブアプリケーション開発の現場は、ほとんどがwebpackに置き換わりました。

次もきっと便利なツールが生まれてくるでしょう。そして「それらがあって当たり前」の開発フローが定着することでしょう。

コマンドラインを使うところ、Node.jsを使うところ、npmを使うところ、JavaScriptでプログラムを書くところ、JavaScriptで設定を書くところ……どこまで同じかはわかりませんが、今までのツールの考え方が役立つはずです。特に、本書でNode.jsを通してJavaScriptやコマンドラインに少なからず抵抗を覚えなくなっていただければ、新しい時代の開発もきっとスムーズに行えます。

この本がただの「gulpを使えるようになる本」ではなく、開発ツールの恩恵を受けることの素晴らしさを体験し、今後も変わりゆく環境の変化に興味を持つ第一歩になると嬉しいです。

本書が「黒い画面怖い」を終わらせられるように

「黒い画面怖い」「こんなのウェブデザイナーの範疇ではない」「ウェブデザイナーはコーディングはしなくていい」……そんな話をたくさん聞いてきました。

しかし、そうはいっても現場は現場。この本を手に取ってくださった方は、コードを書くという現実を放棄できないという現実で、自力で解決する手段を取った方だと思います。

また、「黒い画面怖い」は、自分の首を絞めるだけではなく、実は、共同開発者の首も閉めることになります。たとえば、共同開発者はgulpやwebpackを使ったツールベースの開発ができる、かたや自分はできない……そんなときに0からサポートできる体制はなかなかありません。場合によっては断念することもあります。そんな悲劇も、できることなら起こってほしくないなぁという思いがあります。

そんなときに、とりあえずこの本を読めば解決できる、そんな使い方をしてもらえると嬉しい限りです。

謝辞

この本の出版にあたり、企画から関わっていただきましたC&R研究所の池田武人様、編集長の吉成明久様、技術書典の際にサポートくださいましたshizooo(@shizooo85)様、イラストレータのろく(@shirokuma_no6)様、レビュアとして関わっていただきましたかんろ(@kanrame)様、シン(@Sinack_jp)様、きよそね(@kysn_rm)様、検証ハンズオンにご参加いただきました皆様、ツイッターの皆様、そして、私に技術書を書くきっかけを与えてくださいました湊川あい(@llminatoll)様にこの場を借りて心から感謝申し上げます。

INDEX

記号

A

B

C

D

E

F

G

た行

は行

ま行

や行

ら行

わ行

■著者紹介

中村（なかむら）　勇希（ゆうき）　1993年福岡県生まれ。

北九州高専を卒業後、コピー機の修理屋兼営業を経てウェブデザイナーに転職。現在は株式会社トゥーアールのフロントエンドエンジニアおよび、デジタルハリウッド大学講師。

デザインやエンジニアリングはもちろん、人に物事を教えることにも関心を持ち、ハンズオン主催やセミナー登壇、企業の社内勉強会などで積極的に活動中。

■Twitter

URL　https://twitter.com/nayucolony

■Webサイト

NAYUCOLONY（著者ポートフォリオ）

URL　https://nayucolony.net

■キャラクターイラスト

ろく（https://twitter.com/shirokuma_no6）

編集担当：吉成明久 / カバーデザイン：秋田勘助（オフィス・エドモント）

写真：©karandaev - stock.foto

●特典がいっぱいのWeb読者アンケートのお知らせ

C&R研究所ではWeb読者アンケートを実施しています。アンケートにお答えいただいた方の中から、抽選でステキなプレゼントが当たります。詳しくは次のURLのトップページ左下のWeb読者アンケート専用バナーをクリックし、アンケートページをご覧ください。

C&R研究所のホームページ　http://www.c-r.com/

携帯電話からのご応募は、右のQRコードをご利用ください。

Webデザイナーの仕事を楽にする!
gulpではじめるWeb制作ワークフロー入門

2018年6月1日　　初版発行

著　者　中村勇希

発行者　池田武人

発行所　株式会社　シーアンドアール研究所
新潟県新潟市北区西名目所 4083-6（〒950-3122）
電話　025-259-4293　　FAX　025-258-2801

印刷所　株式会社　ルナテック

ISBN978-4-86354-240-2　C3055

©Yuki Nakamura, 2018　　Printed in Japan

本書の一部または全部を著作権法で定める範囲を越えて、株式会社シーアンドアール研究所に無断で複写、複製、転載、データ化、テープ化することを禁じます。

落丁・乱丁が万が一ございました場合には、お取り替えいたします。弊社までご連絡ください。